U0234587

机械制图测绘

主　编　陆玉兵

副主编　徐　娟　　韩世萍　　甘瑞霞

编　委　黄红兵　　孙怀陵　　段同怀

　　　　季爱民　　方长霞　　税　敏

　　　　崔　强

北京理工大学出版社

BEIJING INSTITUTE OF TECHNOLOGY PRESS

内 容 简 介

本教材主要内容包括：机械制图测绘概述，典型零件制图测绘方法，典型装配体（部件）制图测绘，制图测绘总结、答辩共四篇以及附录部分。

本教材列举了轴套类、轮盘类、叉架类和箱体类四大典型零件，齿轮油泵、减速器、机用虎钳三种常见的装配件，详细地介绍这些零部件的制图测绘内容、制图测绘方法与步骤，并绘有零件草图（由于手工绘图所得图片在排版时无法获得清晰的表达效果，故以 AutoCAD 绘图所得图片作为零件草图）、零件工作图和装配图图例。

本教材可作为高等职业院校机电类各专业学生学习机械制图测绘教本，也可作为普通高等学校工科类各专业学生的制图测绘参考书。

图书在版编目（CIP）数据

机械制图测绘/陆玉兵主编. —北京：北京理工大学出版社，2019.1（2019.2 重印）
ISBN 978 - 7 - 5682 - 6147 - 0

Ⅰ.①机…　Ⅱ.①陆…　Ⅲ.①机械制图 – 测绘 – 高等职业教育 – 教材　Ⅳ.①TH126

中国版本图书馆 CIP 数据核字（2018）第 190612 号

出版发行 / 北京理工大学出版社有限责任公司
社　　址 / 北京市海淀区中关村南大街 5 号
邮　　编 / 100081
电　　话 / (010)68914775(总编室)
　　　　　(010)82562903(教材售后服务热线)
　　　　　(010)68948351(其他图书服务热线)
网　　址 / http://www.bitpress.com.cn
经　　销 / 全国各地新华书店
印　　刷 / 北京富达印务有限公司
开　　本 / 787 毫米 × 1092 毫米　1/16
印　　张 / 12　　　　　　　　　　　　　　　　　责任编辑 / 赵　岩
字　　数 / 276 千字　　　　　　　　　　　　　　文案编辑 / 赵　岩
版　　次 / 2019 年 1 月第 1 版　2019 年 2 月第 2 次印刷　责任校对 / 周瑞红
定　　价 / 32.00 元　　　　　　　　　　　　　　责任印制 / 李　洋

图书出现印装质量问题，请拨打售后服务热线，本社负责调换

前　言

本教材主要依据高等职业院校"机械制图与公差配合"(有的高职院校已将"机械制图"和"互换性与测量技术"两门课程整合为"机械制图与公差配合"一门课程)课程中机械制图教学改革基本要求,以培养技术应用型人才、重视实践能力和职业技能训练为目的,由一批多年从事机械制图教学的教师编写的。

"机械制图与公差配合"课程是高校机电类(机类和近机类)专业学生必修的一门专业技术基础课,学生在学完"机械制图与公差配合"课程之后,集中一周的时间进行零部件制图测绘实践训练,使学生对机械制图课程的基本知识、投影原理方法、绘图的技能与技巧得到综合运用和全面的训练,培养学生独立解决工程实际问题的能力。为满足机械零部件制图测绘课程实训指导和教学的需要,编者总结了长期从事机械制图、机械零部件制图测绘教学的经验,在零部件制图测绘教学内容的基础上编写了这本《机械制图测绘》,以期能对学习本课程的学生进行制图测绘方面的指导,并作为教师教学用书。本教材具有以下特点:

教材内容全面,列举了一些典型零部件制图测绘示例,并按照零部件制图测绘过程、步骤顺次编写,学生能够按章节顺次学习并指导制图测绘实践。

教材列举了目前机械制图教学主要使用的齿轮油泵、减速器、机用虎钳等典型装配体(部件)的装配结构画法和图例,以供学生在画图时参考。

本书与现用《机械制图》教材相适应,全部采用新的《技术制图》《机械制图》国家标准,制图测绘中所需的有关标准可在附录中查阅。

陆玉兵编写了第二篇的第一节、第二节、第三节、第四节,徐娟、方长霞编写了第三篇的第二节,韩世萍编写了第一篇的第一节、第二节、第三节、第四节,甘瑞霞编写了第一篇的第五节、第六节,黄红兵编写了第一篇的第七节,孙怀陵、段同怀编写了第三篇的第一节,季爱民、税敏编写了第三篇的第三节和第四篇的第一节、第二节。

由于编者水平有限,教材中的不妥之处敬请读者批评指正。

编　者

目 录

第一篇 机械制图测绘概述

第一节 制图测绘的目的和任务

根据已有的零(部)件和装配体的表达需要,画出相应视图,测量并注上尺寸及技术要求,得到零件草图,然后参考有关资料整理绘制出供生产使用的零件工作图。这个过程称为零件制图测绘。

制图测绘就是对现有的机器或零部件进行实物拆卸与分析,并选择合适的表达方案,不用或只用简单的绘图工具,用较快的速度,目测徒手绘制出全部零件的草图和装配示意图,然后根据装配示意图和部件实际装配关系,对测得的尺寸和数据进行圆整与标准化,确定零件的材料和技术要求,最后根据零件草图绘制出装配工作图和零件工作图的过程。零件制图测绘对推广先进技术,改造现有设备,技术革新,修配零件等都有重要作用。因此,零件制图测绘是实际生产中的重要工作之一,是工程技术人员必须掌握的制图技能。

一、制图测绘的目的

机械制图测绘是一门在学完机械制图全部课程后集中一段时间专门进行零部件制图测绘的实训课程。主要目的是让学生把已经学习到的机械制图知识全面、综合性地运用到零部件制图测绘实践中去,进一步总结、提高所学到的机械制图知识,培养学生的制图测绘工作能力和设计制图能力,并且结合后续的专业技术课程和专业课程开设"机械设计基础课程设计"和"毕业设计(论文)"等环节的学习,有助于学生对后续课程的学习和理解。

制图测绘是工科院校机械类、近机类各专业学习机械制图重要的实践训练环节,是理论与实践相结合、并在实践中培养解决工程实际问题能力的最好方法。

二、制图测绘的任务

图样是工程技术部门中用来表达设计意图、指导生产的一项重要技术文件。因此在教学中,除了系统讲授基本知识、基本方法以外,还应使学生做较全面的技能训练。机械制图测绘是机电类专业学生第一次接触实际的大型设计训练,是后续课程设计、毕业设计的重要基础。其主要任务是:

(1)培养学生综合运用机械制图理论知识去分析和解决工程实际问题的能力,并进一步巩固、深化、扩展所学到的机械制图理论知识;

（2）熟练掌握零部件制图测绘的基本方法和步骤；

（3）培养学生正确使用常用工具拆卸机器零部件、正确使用常用制图测绘工具测量零件尺寸的基本能力，进一步提高学生徒手绘制零件草图、使用尺规和计算机绘制零件工作图、装配图的技能技巧；

（4）提高学生进行零件图的尺寸标注、公差配合及几何公差标注的能力，增强学生有关机械结构方面的知识感性认识；

（5）培养学生正确使用参考资料、技术手册、有关标准及规范等基本能力；

（6）培养独立分析和解决实际问题的能力，为后续课程学习及今后工作打下基础。

通过制图测绘，使学生将所学理论和生产实践结合起来，将学与画结合起来，牢固地掌握制图知识，提高绘制机械图样的基本技能，同时也能锻炼学生用 AutoCAD 绘制机械图样的能力。

第二节　制图测绘内容和步骤

一、制图测绘的内容与步骤

制图测绘的内容与步骤一般按以下方面进行。

1. 了解和分析制图测绘对象

首先应通过收集和查阅有关资料了解组成机器（部件）各零件的名称、材料、主要加工方法以及他们在机器或部件中的位置、作用及与相邻零件的关系，然后对零件的内、外结构形状特征进行结构分析和形体分析。

2. 做好制图测绘前的准备工作

全面细致地了解制图测绘部件的用途、工作性能、工作原理、结构特点以及装配关系等，了解制图测绘内容和任务，根据制图测绘对象的复杂程度组织好人员分工，准备好有关技术手册和参考资料、拆卸工具、测量工具、绘图工具和图纸、橡皮、透明胶带、抹布、即时贴标签等绘图用品。

3. 拆卸部件

全面分析了解机器（部件）后，要进行机器（部件）拆卸。拆卸过程一般按机器（或部件）组装的反顺序逐个拆卸，所以在拆卸之前一定要弄清零件组装顺序、工作原理、结构形状和装配关系，并对拆下的零件进行登记、分类、编号（使用即时贴标签），弄清各零件的名称、作用、结构特点等。

拆卸方法与步骤：

拆卸顺序由装配体的结构组成、复杂程度确定。对大型的、复杂的机器应分拆组件、部件后，再分别进行零件拆卸与制图测绘。零件拆卸的一般方法有以下几种：

1）螺纹连接的拆卸

（1）六方、四方头的螺栓和螺母可用规格合适的活扳手或系列扳手进行拆卸。

（2）带槽螺钉可用螺丝刀拧松卸下。

（3）圆螺母应该用专用扳手拆卸，如无专用扳手就用捶击冲子使其旋转卸下。

2）销连接的拆卸

对圆锥销、圆柱销连接，用榔头冲击。冲圆锥销时要从小直径端敲打。开口销用手钳或拔销钩将其拔出。

3）键连接的拆卸

带轮、齿轮与轴之间的普通平键、半圆键连接，只要沿轴向推开轮即可。对钩头楔键连接可垫钢条用锤击出，最好用起键器拉出。

4）配合轴孔件的拆卸

（1）间隙配合的轴孔件拆下是较容易的，但也要缓慢地顺轴线相互推出，避免两件相对倾斜卡住而划伤配合面。

（2）过盈配合的轴孔件，一般不拆卸。如必须拆卸时，可加热带孔零件，再用专门工具或压力机进行拆卸。

（3）过渡配合的轮与轴的拆卸方法是用两锤同时敲打轮毂或轮辐的对称部位，也可用一锤沿轮周均匀锤击，使其脱开。注意要用木榔头敲打，若用钢锤应垫上木块，以免打坏表面。

（4）轴上的滚动轴承尽量不拆，非拆不可时必须用专用拆卸器或压力机，采取浇油加热的方法拆卸。特别要注意拆卸时的传力点选在滚动轴承的内圈上。

具体拆卸和装配应根据机器或部件的结构，编制拆卸规程。

4. 绘制装配示意图

采用简单的线条和图例符号绘制出部件大致轮廓的装配图样称装配示意图。它主要表达各零件之间的相对位置、装配与连接关系、传动路线及工作原理等内容，是绘制装配工作图的重要依据。图例符号也可参见附录一"常见的机构运动简图符号"。

5. 确定表达方案

明确所画零件的类型，根据各类型零件的特点和对零件的结构与形体分析，按视图选择原则，先确定主视图——最能反映零件形状特征的视图，再根据零件的复杂程度选取必要的其他视图和适当的表达方法，以完整、清晰、简便的表达方案表达清楚零件的内外结构形状。零件草图的视图选择和零件工作图的视图选择要求是相同的。

方案表达过程中的注意事项：

（1）对于同一个零件，所选择的表达方案可有所不同，但必须以视图表达清晰和看图方便为前提来选择一组图形。

（2）选用视图、剖视图和断面图应统一考虑，内外兼顾。同一视图中，若出现投影重叠，可根据需要选用几个图形（如视图、剖面或断面图）分别表达不同层次的结构形状。

6. 绘制零件草图

根据拆卸的零件，按照大致比例，用目测的方法徒手画出具有完整零件图内容的图样称零件草图。零件草图可采用坐标纸（方格纸）绘制，也可采用一般图纸绘制。结构简单的零件用一般的白纸，结构较复杂的零件草图可用坐标纸（方格纸）。标准件可不需画草图。草图绘制要求速度快,绘制草图应基本做到:图形正确、线型分明、比例匀称、字体工整、图面整洁。画直线时的姿势参看图1-1,眼睛看着图线的终点。小手指压住纸面,手腕随线移动,线条较长时,可用目测在直线中间定出几个点,分几段画出。

图1-1　徒手画直线

画与水平线成30°、45°、60°的斜线时,按直角三角形对应边的近似比例关系确定两边端点,连成直线,如图1-2所示。

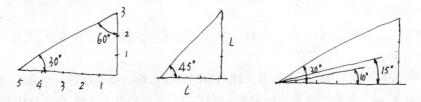

图1-2　徒手画斜线

画圆时,应先定圆心及画中心线,在中心线上目测半径确定四个端点后,徒手连线如图1-3(a)所示。圆的直径较大时,通过圆心画几条不同方向的直线,按半径目测定出一些点后,再徒手连接,如图1-3(b)所示。

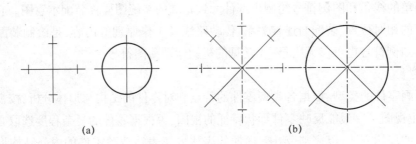

(a)　　　　　　　　　　　　　(b)

图1-3　圆的画法

(a) 小圆画法;(b) 大圆画法

其他圆弧曲线,可利用它们与正方形、长方形、菱形相切的特点画出,如图1-4所示。

零件草图绘图步骤:

(1) 绘制图形。根据选定的表达方案,徒手画出视图、剖视等图形。①零件上的制造缺陷(如砂眼、气孔等),以及由于长期使用造成的磨损、碰伤等,均不应画出。②零件上的细小结构(如铸造圆角、倒角、倒圆、退刀槽、砂轮越程槽、凸台和凹坑等)必须画出。

(2) 标注尺寸。先选定基准,再标注尺寸。①先集中画出所有的尺寸界线、尺寸线和箭头,再依次测量,逐个记入尺寸数字。②零件上标准结构(如键槽、退刀槽、销孔、中心孔、螺纹等)的尺寸,必须查阅相应国家标准,并予以标准化。③与相邻零件的相关尺寸(如泵体上螺

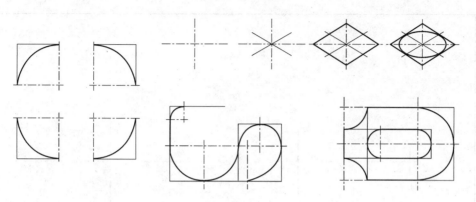

图 1-4　圆角、椭圆和圆弧连接的画法

孔、销孔、沉孔的定位尺寸,以及有配合关系的尺寸等)一定要一致。

(3) 尺寸数字处理。零件的尺寸有的可以直接量得到,有的要经过一定的运算后才能得到,如中心距等,测量所得的尺寸还必须进行尺寸处理:

① 一般尺寸,大多数情况下要圆整到整数。

② 重要的直径要取标准值。

③ 对标准结构(如螺纹、键槽、齿轮的轮齿)的尺寸要取相应的标准值。

④ 没有配合关系的尺寸或不重要的尺寸,一般圆整到整数。

⑤ 有配合关系的尺寸(配合孔轴)只测量它的基本尺寸,其配合性质和相应公差值需查阅有关标准。

⑥ 有些尺寸要进行复核,如齿轮传动轴孔中心距要与齿轮的中心距核对。

⑦ 因磨损、碰伤等原因而使尺寸变动的零件要进行分析,标注复原后的尺寸。

⑧ 零件的配合尺寸要与相配零件的相关尺寸协调,即测量后尽可能将这些配合尺寸同时标注在有关的零件上。

(4) 注写技术要求。零件上的表面粗糙度、极限与配合、几何公差等技术要求,通常可采用类比法给出。①主要尺寸要保证其精度。泵体的两轴线、轴线到底面的距离以及有配合关系的尺寸等,都应给出公差。②有相对运动的表面及对形状、位置要求较严格的线、面等要素,要给出既合理又经济的粗糙度和几何公差要求。③有配合关系的孔与轴,要查阅与其相配合的轴与孔的相应资料(装配图或零件图),以核准配合制度和配合性质。只有这样,经制图测绘而制造出的零件,才能顺利地装配到机器上去并达到其功能要求。

(5) 填写标题栏。一般可填写零件的名称、材料及绘图者的姓名和完成时间等等。

绘制零件草图注意事项:

① 零件图内容俱全:一组视图、完整的尺寸、技术要求和标题栏缺一不可。

② 按目测比例徒手画图。

③ 图形不草。必须做到:图形正确、比例均匀、表达清楚、尺寸完整清晰、线型分明、字体工整。尽量在方格纸上绘制,以提高绘图质量和速度。

例:零件草图绘制举例。

球阀上阀盖的草图绘图步骤,如图 1-5 所示。

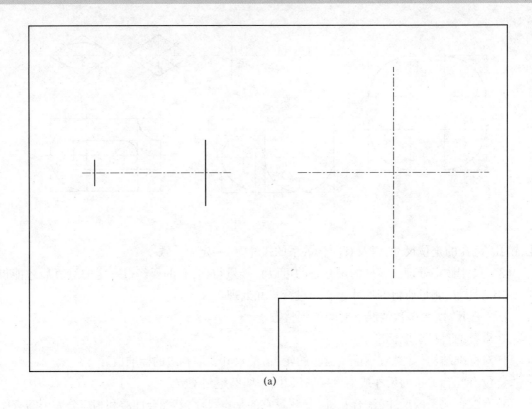

(a)

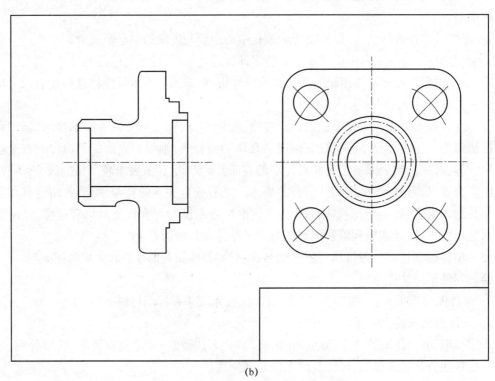

(b)

图 1-5　球阀上阀盖的草图绘图步骤

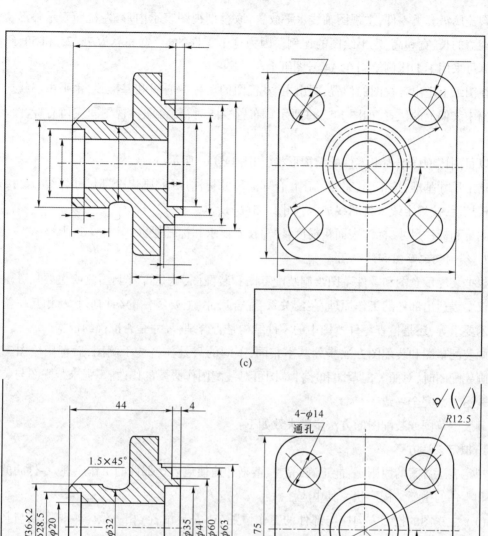

(c)

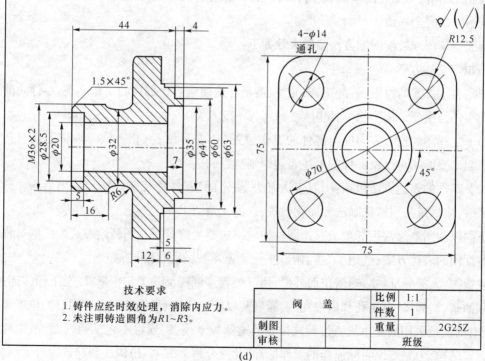

技术要求
1. 铸件应经时效处理，消除内应力。
2. 未注明铸造圆角为$R1\sim R3$。

阀　　盖		比例	1:1
		件数	1
制图		重量	2G25Z
审核		班级	

(d)

图1-5　球阀上阀盖的草图绘图步骤(续)

阀盖属盘套类零件,主视图轴线水平放置,取全剖视图表示内形,左视图表示外形。大致测量阀盖的长、宽和高,定出绘图的比例。因为这个零件的长、宽和高为75、75 和50,经过大致计算可采用1∶1 比例绘制在 A4 号图纸上。

在图纸上定出各视图的位置,画出主、左视图的对称中心线和基准线,水平中心线应在整个图幅中线偏上的位置,如图 1-5(a)所示。布置视图时,要考虑各视图间应留有标注尺寸的位置。

以目测比例详细画出零件的结构形状,如图 1-5(b)所示。

选定尺寸基准,按正确、完整、清晰、合理的尺寸标注原则,画出全部尺寸界线、尺寸线,经仔细校核后,按规定线型将图线加深,如图 1-5(c)所示。

测量和标注尺寸,标注表面粗糙度,注写技术要求和标题栏,如图 1-5(d)所示。

7. 绘制装配草图和装配图

根据装配示意图和零件草图绘制装配草图和装配图,这是部件制图测绘主要任务。装配图不仅要表达出部件的工作原理、装配关系、配合尺寸、主要零件的结构形状及相互位置关系和技术要求等,还是检查零件草图中的零件结构是否合理,尺寸是否准确的依据。

画装配草图和装配图方法步骤基本相同,不同的只是前者徒手画图,后者用绘图工具画图。画装配图时,对照装配草图和零件草图可对装配图作必要的修改,不强求装配图与装配草图的表达方案完全一致。

画装配草图或装配图的方法步骤大致如下:

1)拟定表达方案

拟定表达方案的原则是:能正确、完整、清晰和简便地表达部件的工作原理、零件间的装配关系和零件的主要结构形状。其中应注意:

(1) 主视图的投影方向应与部件的工作位置(或安装位置)相一致。主视图或与其他视图联系起来要能明显反映部件的上述表达原则与目的。

(2) 部件的表达方法包括:一般表达方法、规定画法、各种特殊画法和简化画法。选择表达方法时,应尽量采用特殊画法和简化画法,以简化绘图工作。

下面以制图测绘常用的单级直齿圆柱齿轮减速器为例分析制图测绘画装配图的过程。减速器装配图的表达方案,选用了"主、俯、左"三个基本视图,具体分析如下:

主视图:大部分反映减速器正面外形,用五处局部剖视反映了箱壁壁厚、上下箱体连接、排油孔和油塞、油标尺、窥视孔和窥视孔盖、通气塞以及定位销、吊钩孔和起盖螺钉的位置等情况(由于有的院校采用的是单级直齿圆柱齿轮减速器教学模型,通常不包括通气塞、吊钩孔和起盖螺钉等结构,为完整说明减速器的工作原理,此处分析通气塞、吊钩孔和起盖螺钉等结构,以下相同,但在绘图时为便于学生参考,不将诸如此类结构绘出),符合上述主视图选择的原则与目的。

其中:上下箱体的螺栓连接采用了拆卸画法;轴承端盖螺钉采用了简化画法;相同零件组采用了公共指引线标注序号。画主视图需注意以下几点:

① 上、下箱体结合面按接触一条线画至轴承端盖为止,防止超越或漏画此线(粗实线)。

② 主动齿轮轴和从动轴的伸出端部都有键槽和键,主视图中,凡在投射方向上可见,都应如实表达清楚(一般两轴的伸出端应各在一侧,以方便各自连接原动机和工作机)。

③ 五处剖视,应处理好所剖的范围和波浪线画法。

④ 应按液体的剖面符号示出油池的液面高度(以大齿轮的齿根浸入定为液面高限)。

俯视图:是反映减速器工作原理、轴系零件及其相对位置的主要视图。它采用沿箱体结合面剖切的表达方法,以较大的局部剖视清楚反映了两齿轮啮合传动和两轴系零件的相依关系及其轴向定位、滚动轴承密封以及下箱体凸缘上面的油沟等情况,只保留了一小部分的上箱体外形,用以反映带吊钩壁板的宽度、起盖螺钉的位置以及螺栓上箱体这个位置的结构特点。画俯视图提醒注意以下几点:

① 由于沿结合面剖切,螺栓和定位销被横向剖切,故应照画剖面线,螺栓杆部与螺栓孔按不接触画两条线(圆);圆锥销与销孔是配合关系,应画一条线(圆)。

② 当幅面受限时,两轴伸出端可采用折断画法,但要注原实际尺寸。

③ 两轴系零件的轴向定位关系应正确表示,避免发生矛盾。

④ 两齿轮啮合区按规定画法,主动齿轮轴处应按局部剖画出波浪线和剖面线。

左视图:补充表达了主视图未尽表达的减速器左端面外形。对上、下箱体表面的过渡线作了正确表达。用两处局部剖视分别反映了起盖螺钉和定位销的位置和连接情况。两轴在左视图上都采用了折断画法。窥视孔盖及其通气塞由于在左视图上不反映实形,均按投影关系作了正确图示。

2)画装配图的具体步骤

画装配图的具体步骤常因部件的类型和结构型式不同而有所差异。一般先画主体零件或核心零件,可"先里后外"地逐渐扩展,再画次要零件,最后画结构细节。画某个零件的相邻零件时,要几个视图联系起来画,以对准投影关系和正确反映装配关系。

绘制单级圆柱齿轮减速器装配图,可按如下步骤进行:

(1)先画主视图:在主视图中,应以底面为基准先画下箱体;再画上箱体及其附件、上下箱体连接件;然后对几处作必要的局部剖视。

(2)画俯视图:沿箱体结合面剖切,按投影关系定准两轴中心距,画下箱体的轴承座孔、内壁和周边凸缘、螺栓孔、螺栓断面,定位销断面和油沟等结构;再将两轴座落在下箱体的轴承座孔上,依次画出两轴系零件及其轴承端盖,注意轴上零件的轴向定位关系和画法。俯视图亦可沿结合面作全剖视,即不保留上箱体的局部外形。

(3)画左视图:按投影关系,处理好左视图上应反映的外部结构形状及其位置,注意过渡线画法。下箱体底缘上的安装孔,如不在主视图上作局部剖视,亦可改在左视图上作此处局部剖视。

3)标注装配图上的尺寸和技术要求

(1)标注尺寸:装配图中需标注五类尺寸:①性能(规格)尺寸;②装配尺寸(配合尺寸

和相对位置尺寸);③安装尺寸;④外形尺寸;⑤其他重要尺寸。这五类尺寸在某一具体部件装配图中不一定都有,且有时同一尺寸可能有几个含义,分属几类尺寸,因此要具体情况具体分析。凡属上述五类尺寸有多少个,注多少个,既不必多注,也不能漏注,以保证装配工作的需要。

如单级圆柱齿轮减速器装配图,共注出 16 个尺寸,从中可以分析出它们所分属的尺寸种类。

(2) 技术要求:装配图中的技术要求包括配合要求,性能、装配、检验、调整要求,验收条件,试验与使用、维修规则等。其中,配合要求是用配合代号注在图中,其余用文字或符号列条写在明细栏上方或左方。确定部件装配图中技术要求时,可参阅同类产品的图样,根据具体情况而定。如单级圆柱齿轮减速器装配图中,可列出了以下 5 条技术要求,可供参考。

① 啮合的最小侧隙为……;

② 啮合面的接触斑点沿齿高不小于 45%,沿齿长不小于 70%;

③ 轴承的轴向间隙为 0.05 ~ 0.1。

④ 减速器空载试验时,高速轴转速为 500 ~ 1 000 r/min,正反转各一小时,试验时转速应平稳,响声应均匀,在各个连接处与密封处不得有漏油现象;

⑤ 按 JB1130-70 规定进行负荷试验,试验时油池温度不得超过 35℃,轴承温度不得超过 40℃。

4) 编写零件序号和明细栏

根据编写零件序号的规定、形式和画法,编写序号;并与之对应地编写明细栏(标准件要写明标记代号,齿轮应注明 m、z)。

8. 绘制零件工作图

根据零件草图并结合有关零部件的图纸资料,用尺规或计算机绘制出零件工作图。由于绘制零件草图时,往往受地点条件的限制,有些问题有可能处理得不够完善,因此在画零件工作图时,还需要对草图进一步检查和校对。然后用绘图工具或计算机画出零件工作图,经批准后,整个零件制图测绘的工作就进行完了。

9. 制图测绘总结与答辩

对在制图测绘过程中所学到的制图测绘知识与技能、学习体会、收获以书面形式写出总结报告材料,并参加答辩(是否安排答辩环节视学校教学工作安排而定,有的院校目前未安排制图测绘答辩环节)。

二、制图测绘零件时的注意事项

(1) 为保证安全和不损坏机件,拆装前要研究好拆装顺序,再动手拆装。零件按顺序拆下,在桌上摆放整齐,轻拿轻放,可按拆装顺序把零件编上序号,小零件要妥善保管,以防丢失或发生混乱。要注意保护零件的加工面和配合面。制图测绘完成后,要将装配体装配好。

（2）零件的制造缺陷，如砂眼、气孔、刀痕等，以及长期使用所造成的磨损，都不应画出。

（3）零件上因制造、装配的需要而形成的工艺结构，如铸造圆角、倒角、倒圆、退刀槽、凸台、凹坑等都必须画出，不能忽略。

（4）先画零件草图，按尺寸标注及表面粗糙度的要求画出尺寸界限、尺寸线和粗糙度符号。

（5）测量读数时，配合尺寸应保持一致，其他尺寸圆整为整数，与标准件配合的尺寸应按标准件的尺寸选取（如与轴承配合的轴或孔）。

（6）对螺纹、键槽、齿轮的轮齿等标准结构的尺寸，应把测量的结果与标准值核对，一般均采用标准的结构尺寸，以利于制造。

三、图册的装订

装配体制图测绘图纸装订要求：

（1）封面设计：需注明装配体名称、制图测绘者姓名、班级、指导教师、制图测绘时间。

（2）目录：按顺序编写：装配示意图、装配图、正式零件图（按序号编页）、装配草图、零件草图、设计小结。

（3）图纸：按目录顺序排列，折叠成 A4 幅面，注意装订边的位置。

（4）制图测绘总结：制图测绘的体会、意见和建议，800 字左右。

第三节　制图测绘课时安排

按照机械制图课程教学实践环节的基本要求，部件制图测绘课时应根据所学专业的要求和制图测绘部件零件的数量及复杂程度，应集中安排 1 周（30 学时）或 2 周（60 学时）时间。表 1-1 是以 1 周制图测绘时间所作的工作安排。

表 1-1　制图测绘内容及课时分配表

测 绘 进 度 表									
第 1 天		第 2 天		第 3 天		第 4 天		第 5 天	
上午	下午	上午	下午	上午	下午	上午	下午	上午	下午
画装配示意图									
	画零件草图								
			画装配草图						
					画装配图				
							画零件图		
								整理、撰写制图测绘总结、交图	

说明:

制图测绘时间可根据具体情况由制图测绘指导老师作局部调整,如要求用计算机绘制零件工作图和装配图,课时可适当增加或另外安排。

第四节　制图测绘前的准备工作

一、制图测绘的组织分工

制图测绘一般以班级为单位进行,要在1周时间内容完成制图测绘任务,时间显得十分紧张。指导教师可针对制图测绘部件的零件数量和复杂程度,有组织有秩序地进行。每个班级可分成几个制图测绘小组(每组为5~10人),每组选出一名负责人组织本小组工作,讨论制定零部件视图表达方案,掌握制图测绘工作进程,保管好零部件和制图测绘工具,解决制图测绘中遇到的问题,并及时向指导教师汇报情况。

二、制图测绘场地(教室)

制图测绘教室应是一个安静宽敞、光线较好的场所,学生集中便于管理,最好有专用的机械制图测绘教室(设有制图测绘桌或工作台、坐凳、储物柜等)。如没有专用的制图测绘教室,也可在普通教室进行,但教室的应设有可放置制图测绘模型、拆卸工具、绘图工具、测量工具以及其他用品的场地,保证学生取用和保管制图测绘工具方便。

三、制图测绘工具

制图测绘常用的工具有以下几种:

(1)拆卸工具:如扳手、螺丝刀(一字形和十字形)、老虎钳和锤子等。

(2)测量工具:如钢直尺、内卡外卡钳、游标卡尺、千分尺、螺纹规、圆弧规、角度尺、量具量规等。

(3)绘图工具及用品:如图板、丁字尺、三角尺及圆规等绘图工具,图纸(要有一定的厚度)、画草图的方格纸、铅笔、橡皮等其他用品。

(4)其他工具:若部件较重,需配备小型起吊设备,以便于部件拆装需用加热设备,清洗和润滑剂等。

四、制图测绘的资料

根据制图测绘部件的类型,准备好相应的资料,如机械制图有关教材、国家标准图册和手册、产品说明书、部件的原始图纸及有关参考资料,或者通过计算机网络查询和收集制图测绘对象的资料与信息等。

第五节 图纸归档上交

一、图纸装订

图纸图框格式分为留有装订边和不留装订边两种,建议采用留有装订边图框格式。全套图纸应装订成册,图册以 A4 图纸立放为宜,注意必须将每张图的标题栏置于外则。制图测绘材料一般装订成 A4 图纸大小,装订边长为 297 mm,因此 A4 图纸的装订边在长边,A3 图纸的装订边在短边,A2 图纸的装订边也在短边,A2 图纸的短边比 297 mm 长,装订时应自上而下在装订边上量出 297 mm,将长出的装订边斜向里折叠,图框及标题栏格式如图 1-6 所示。

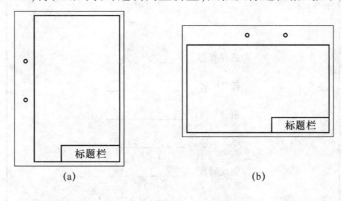

图 1-6 留有装订边的图框格式

(a) 图纸竖放;(b) 图纸横放

制图测绘材料须装订成 A4 图纸大小,常用的 A2、A3 图纸都需折叠,图纸折法如图 1-7 所示,沿虚线向里折叠。A1 和 A0 图纸及其他格式图纸折叠方法参照附录二标准归档图纸折叠方法。

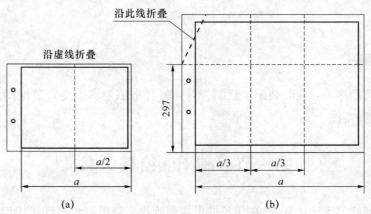

图 1-7 图纸折法

(a) A3 图纸折法;(b) A2 图纸折法

二、封面

封面应填写项目名称、指导教师、制图测绘者姓名、班级、学号、系名(院名)、日期。图1-8所示格式为封面样例。

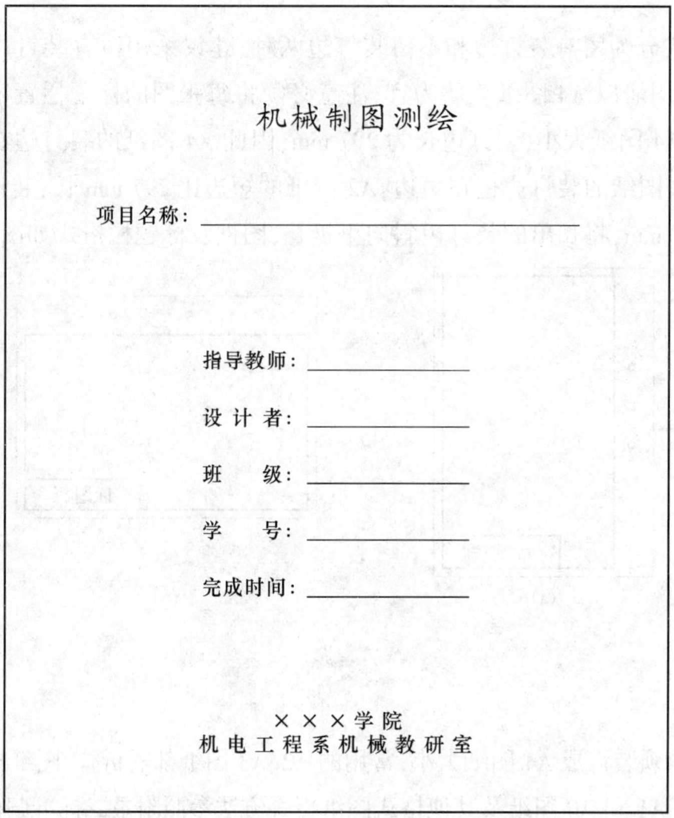

机械制图测绘

项目名称: ＿＿＿＿＿＿＿＿＿＿＿＿

指导教师: ＿＿＿＿＿＿＿

设 计 者: ＿＿＿＿＿＿＿

班　　级: ＿＿＿＿＿＿＿

学　　号: ＿＿＿＿＿＿＿

完成时间: ＿＿＿＿＿＿＿

×××学院
机电工程系机械教研室

图 1-8　封面样例

三、装订顺序

图纸的装订顺序为:封面、装配示意图、零件图(任务书要求上交)、装配图、制图测绘总结及零件图、装配图草图。

第六节　制图测绘任务书

机械制图测绘要下达任务书,在任务书里应明确提出制图测绘题目、制图测绘内容和图幅要求,并绘有装配示意图和工作原理说明,还有制图测绘总学时以及制图测绘人姓名、指导教师等内容。下面列出齿轮油泵、一级圆柱齿轮减速器和机用台虎钳等常见装配体制图测绘任务书的格式,供大家参考。

齿轮油泵制图测绘任务书（多学时或少学时专业选用）

指导教师：_____　　专业班级_____　　姓名_____

装配示意图：

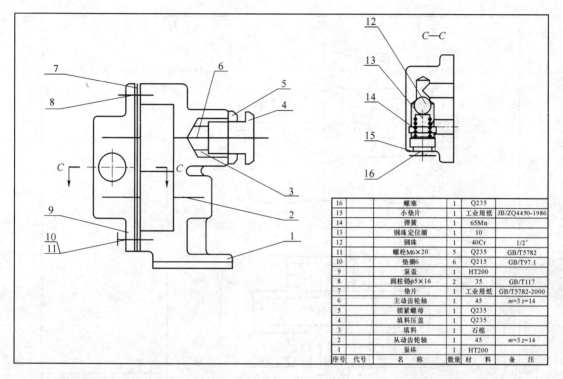

16		螺塞	1	Q235	
15		小垫片	1	工业用纸	JB/ZQ4450-1986
14		弹簧	1	65Mn	
13		钢珠定位圈	1	10	
12		钢珠	1	40Cr	1/2°
11		螺栓M6×20	5	Q235	GB/T5782
10		垫圈6	6	Q215	GB/T97.1
9		泵盖	1	HT200	
8		圆柱销φ5×16	2	35	GB/T117
7		垫片	1	工业用纸	GB/T5782-2000
6		主动齿轮轴	1	45	$m=3\ z=14$
5		锁紧螺母	1	Q235	
4		填料压盖	1	Q235	
3		填料	1	石棉	
2		从动齿轮轴	1	45	$m=3\ z=14$
1		泵体	1	HT200	
序号	代号	名　称	数量	材　料	备　注

工作原理：

齿轮油泵是一种为机器提供润滑油的部件。当电动机带动主动齿轮轴转动时，主动齿轮轴带动从动齿轮轴转动，油液通过齿轮进油孔吸入，再经过两齿轮的挤压产生压力，最后通过出油孔流出。

制图测绘内容：

（1）齿轮油泵装配图1张（2号图纸）；

（2）齿轮油泵各零件草图（标准件不画，3号或4号图纸）；

（3）齿轮油泵各零件工作图（3号或4号图纸）；

（4）齿轮油泵制图测绘任务书、制图测绘总结1份。

制图测绘课时安排：

按照机械制图课程教学实践环节的基本要求，本次制图测绘时间为集中安排1周时间（30学时）。制图测绘内容及时间分配参见前表1-1制图测绘内容及课时分配表。

齿轮减速器测绘任务书(多学时专业选用)

指导教师：_____　　　专业班级_____　　　姓名_____

装配示意图：

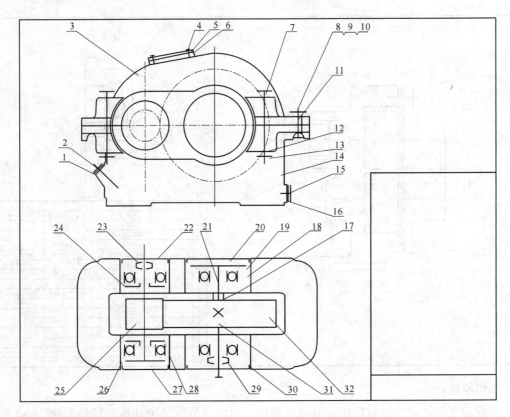

(示意图零件明细栏后附)

工作原理：

齿轮减速器是一种以降低转速为目的的部件。当电动机带动主动齿轮转动时(小齿轮)，主动齿轮带动从动齿轮转动(大齿轮)，通过两齿轮的齿数比来实现减速的目的。

制图测绘内容：

(1) 减速器装配图 1 张(2 号图纸)；

(2) 减速器轴、齿轮轴、齿轮和机盖(或机座)零件草图(3 号或 4 号图纸)；

(3) 减速器轴、齿轮轴、齿轮和机盖(或机座)零件图(3 号或 4 号图纸)；

(4) 制图测绘简要说明书、制图测绘总结各 1 份。

制图测绘课时安排：

按照机械制图课程教学实践环节的基本要求，本次制图测绘时间为集中安排 1 周时间(30 学时)。制图测绘内容及时间分配参见前表 1-1 制图测绘内容及课时分配表。

附:齿轮减速器示意图零件明细栏

序号	代号	名称	数量	材料	备注
32		齿轮	1	45	$m=2$ $z=55$
31		键 A10×22	1		GB/T 1096—1979
30		端盖	1	HT150	
29		毡圈 30	1	毛毡	JB/ZQ4606—1986
28		滚动轴承 6204	2		GB/T 276—1994
27		端盖	1	HT150	
26		调整环	1	Q235-A	
25		齿轮轴	1	45	$m=2$ $z=5$
24		挡油环	2	Q235-A	
23		毡圈 20	1	毛毡	JB/ZQ4606—1986
22		端盖	1	HT150	
21		轴	1	45	
20		端盖	1	HT150	
19		调整环	1	Q235-A	
18		滚动轴承 6206	2		GB/T 276—1994
17		套筒	1	Q235-A	
16		垫片	1	毛毡	
15		螺塞 M10×1	1	Q235-A	JB/ZQ4450—1986
14		机座	1	HT200	
13		螺母 M8	2	Q235-A	GB/T6 170—2000
12		垫圈 8	4	65Mn	GB/T 93—1987
11		圆锥销 A3×18	2	45	GB/T 117—2000
10		螺母 M8	2	Q235-A	GB/T 6170—2000
9		垫圈 8	4	65Mn	GB/T 93—1987
8		螺栓 M8×35	2	Q235-A	GB/T 5782—2000
7		螺栓 M8×70	4	Q235-A	GB/T 5782—2000
6		垫片	1	压纸板	
5		视孔盖	1	有机玻璃	
4		螺钉 M3×5	4	HT200	GB/T 65—2000
3		机盖	1	HT200	
2		油标	1	Q235	
1		垫片	1	毛毡	
序号	代号	名称	数量	材料	备注

机用台虎钳制图测绘任务书(少学时专业选用)

指导教师:_____　　专业班级_____　　姓名_____

装配示意图:

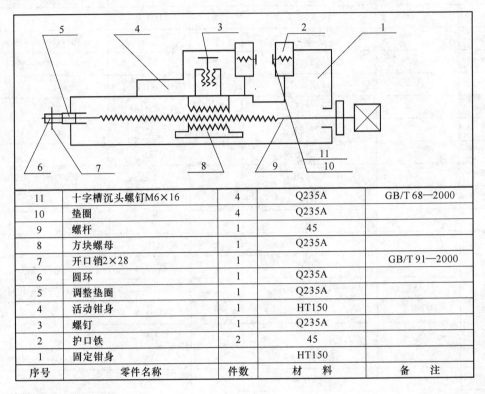

11	十字槽沉头螺钉M6×16	4	Q235A	GB/T 68—2000
10	垫圈	4	Q235A	
9	螺杆	1	45	
8	方块螺母	1	Q235A	
7	开口销2×28	1		GB/T 91—2000
6	圆环	1	Q235A	
5	调整垫圈	1	Q235A	
4	活动钳身	1	HT150	
3	螺钉	1	Q235A	
2	护口铁	2	45	
1	固定钳身		HT150	
序号	零件名称	件数	材　料	备　注

工作原理:

机用虎钳是装在工作台上,用来夹紧零件以便进行加工的一种夹具。当转动机用虎钳手柄时,螺杆随之转动,同时带动方块螺母沿轴向移动。由于方块螺母固定在活动钳身上,从而带动活动钳身沿着固定钳身作轴向往复运动,使钳口开放或闭合,达到夹紧或松开零件的目的。

制图测绘内容:

(1) 机用虎钳装配图1张(2号图纸);

(2) 机用虎钳各零件草图(标准件不画,3号或4号图纸);

(3) 机用虎钳各零件工作图(3号或4号图纸);

(4) 制图测绘简要说明书、制图测绘总结各1份。

制图测绘课时安排:

按照机械制图课程教学实践环节的基本要求,本次制图测绘时间为集中安排1周时间(30学时)。制图测绘内容及时间分配参见前表1-1制图测绘内容及课时分配表。

第七节 测量工具与零(部)件尺寸测量方法

零件尺寸的测量是机器部件制图测绘中的一项重要内容。采用正确的测量方法可以减少测量误差,提高制图测绘效率,保证测得尺寸的精确度。测量方法与制图测绘工具有关,因此需要了解常用的制图测绘工具,掌握正确的使用方法和测量技术。

常用的测量工具有钢直尺、外卡钳和内卡钳、游标卡尺和千分尺、螺纹规、圆弧规和角度尺等。

测量尺寸时必须注意以下几点:

(1)根据零件尺寸所需的精确程度,要选用相应的测量工具测量。如一般精度尺寸可直接采用钢直尺或外卡钳、内卡钳测量读出数值,而精度较高的尺寸则需要游标卡尺或千分尺测量。

(2)有配合关系的尺寸,如孔与轴的配合尺寸,一般要用游标卡尺先测出直径尺寸(通常测量轴比较容易),再根据测得的直径尺寸查阅有关手册确定标准的基本尺寸或公称直径。

(3)没有配合关系的尺寸或不重要的尺寸,可将测得的尺寸作圆整(调整到整数)。

(4)零件上标准结构(如键槽、退刀槽、销孔、中心孔、螺纹、齿轮等)的尺寸,必须根据测得的尺寸查阅相应国家标准,并予以标准化。

一、线性尺寸的测量

1. 钢直尺测量

钢直尺是用不锈钢薄板制成的一种刻度尺,尺面上刻有公制的刻度,最小单位为 1 mm,部分直尺最小单位为 0.5 mm。钢直尺可以直接测量线性尺寸,但误差比较大,常用来测量一般精度的尺寸。钢直尺的测量方法如图 1-9、图 1-10 所示。

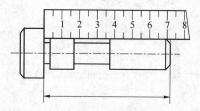

图 1-9 用钢直尺测量长度尺寸

2. 游标卡尺测量

游标卡尺是一种测量精度较高的量具,可以测得毫米的小数值。除测量长度尺寸外,还常用来测量内径、外径。带有深度尺的游标卡尺还可以测量孔和槽的深度及台阶高度尺寸。游标卡尺测量方法见图 1-11 所示。

游标卡尺的读数精度有 0.02 mm、0.05 mm、0.10 mm 三个等级,以精度为 0.02 mm 等级为例,刻度和读数方法如图 1-12 所示,主尺上每小格 1 mm,每大格 10 mm,副尺上每小格 0.98 mm,共50 格,主、副尺每格之差 = 1 - 0.98 = 0.02(mm)。

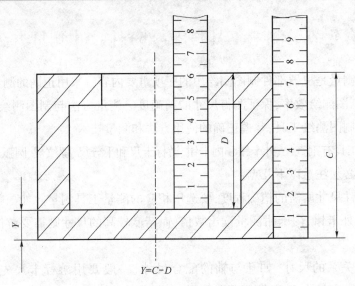

图 1-10　用钢直尺测量高度尺寸

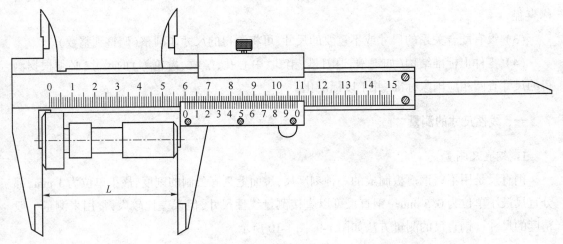

图 1-11　用游标卡尺测量长度尺寸

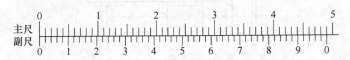

图 1-12　游标卡尺刻线

读数值时,先在主尺上读出副尺零线左面所对应的尺寸整数值部分,再找出副尺上与主尺刻度对准的那一根刻线,读出副尺的刻线数值,乘以精度值,所得的乘积即为小数值部分,整数与小数之和就是被测零件的尺寸。如图 1-13 所示,精度为 0.02 mm,读数步骤为:

(1) 在主尺上读出副尺零线以左的刻度,该值就是最后读数的整数部分,图示为 33 mm。

(2) 副尺上一定有一条刻线与主尺的刻线对齐。在副尺上读出该刻线距零线的格数,将其与刻度间距(精度)0.02 mm 相乘,就得到最后读数的小数部分,图 1-13 所示为 0.24 mm。

(3) 将所得到的整数和小数部分相加,$33 + 12 \times 0.02 = 33.24 (\text{mm})$。

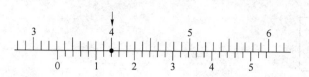

图 1-13　游标卡尺读数示例

游标卡尺使用方法及注意事项：

（1）根据被测工件的特点、尺寸大小和精度要求选用合适的类型、测量范围和分度值。

（2）测量前应将游标卡尺擦干净，并将两量爪合并，检查游标卡尺的精度状况，大规格的游标卡尺要用标准棒校准检查。

（3）测量时，被测工件与游标卡尺要对正，测量位置要准确，两量爪与被测工件表面接触松紧合适。

（4）读数时，要正对游标刻线，看准对齐的刻线，正确读数，不能斜视，以减少读数误差。

（5）用单面游标卡尺测量内尺寸时，测得尺寸应为卡尺上的读数加上两量爪宽度尺寸。

（6）严禁在毛坯面、运动工件或温度较高的工件上进行测量，以防损伤量具精度和影响测量精度。

二、直径尺寸的测量

1. 卡钳测量直径

卡钳是间接测量工具，必须与钢直尺或其他带有刻数的量具配合使用读出尺寸。卡钳有内卡钳和外卡钳两种，内卡钳用来测量内径，外卡钳用来测量外径，由于测量误差较大，常用来测量一般精度的直径尺寸。测量方法如图 1-14 所示。

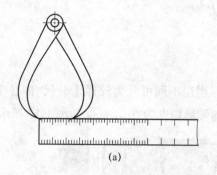
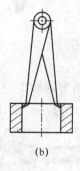
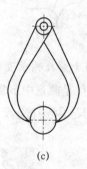

(a)　　　　　　　　　(b)　　　　　　　　　(c)

图 1-14　用卡钳测量直径尺寸

（a）与钢直尺配合读尺寸；（b）内卡钳测量内径；（c）外卡钳测量外径

2. 游标卡尺测量直径

游标卡尺有上下两对卡脚，上卡脚称内测量爪，用来测量内径，下卡脚称外测量爪，用来测量外径，测得的直径尺寸可以在游标卡尺上直接读出，读数方法见图 1-13 所示。测量方法如图 1-15 所示。

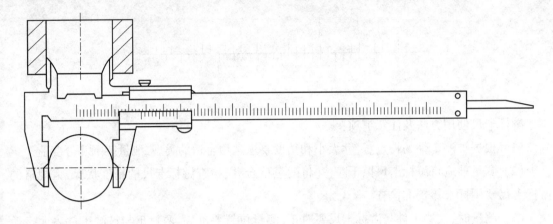

图 1-15 用游标卡尺测量直径尺寸

带有深度尺的游标卡尺还可以测量孔和槽的深度及孔内台阶高度尺寸,其尺身固定在游标卡尺的背面,可随主尺背面的导槽移动。测量深度时,把主尺端面紧靠在被测工件的表面上,再向工件的孔或槽内移动游标尺身,使深度尺和孔或槽的底部接触,然后拧紧螺钉,锁定游标,取出卡尺读取数值,测量方法如图 1-16 所示。

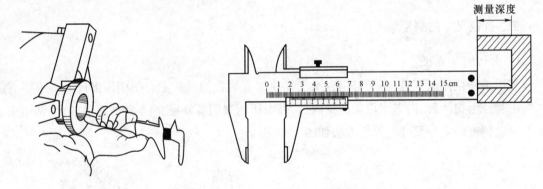

图 1-16 用游标卡尺深度尺测量孔深

3. 用千分尺测量直径

千分尺是测量中最常用的精密量具之一,按照用途不同可分为外径千分尺、内径千分尺、深度千分尺、内测千分尺和螺纹千分尺。千分尺的测量精度为 0.01 mm,如图 1-17 所示。

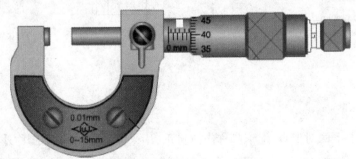

图 1-17 千分尺

千分尺的刻线原理:

千分尺的固定套管上刻有轴向中线,作为读数基准线,一面一排刻线标出的数字表示毫米整数值;另一面一排刻线未注数字,表示对应上面刻线的半毫米值。即固定套管上下每相邻两刻线轴向长为 0.5 mm。千分尺的测微螺杆的螺距为 0.5 mm,当微分筒每转一圈时,测微螺杆便随之沿轴向移动 0.5 mm。微分筒的外锥面上一圈均匀刻有 50 条刻线,微分筒每转过一个刻线格,测微螺杆沿轴向移动 0.01 mm。所以千分尺的测量精度为 0.01 mm。

千分尺的测量与读数方法:

在测量长度时,将被测工件放在测砧和测微螺杆之间,拧紧测微螺杆即可测量。先读出固定套管上露出来刻线的整数毫米及半毫米数。再看微分筒哪一刻线与固定套管的基准线对齐,读出不足半毫米的小数部分。最后将两次读数相加,即为工件的测量尺寸。如图 1-18 所示读数为 $12 + 24 \times 0.01 = 12 + 0.24 = 12.24$(mm)。

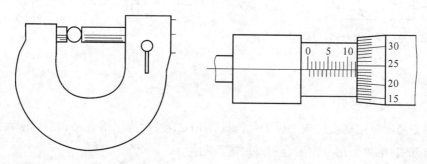

图 1-18　千分尺的读数方法

千分尺的使用方法及注意事项:

(1) 根据被测工件的特点、尺寸大小和精度要求选用合适的类型、测量范围和分度值。一般测量范围为 25 mm。如要测量 20 ± 0.03 mm 的尺寸,可选用 0 ~ 25 mm 的千分尺。

(2) 测量前,先将千分尺的两测头擦拭干净再进行零位校对。

(3) 测量时,被测工件与千分尺要对正,以保证测量位置准确。使用千分尺时,先调节微分筒,使其开度稍大于所测尺寸,测量时可先转动微分筒,当测微螺杆即将接触工件表面时,再转动棘轮,测砧、测微螺杆端面与被测工件表面即将接触时,应旋转测力装置,听到"吱吱"声即停,不能再旋转微分筒。

(4) 读数时,要正对刻线,看准对齐的刻线,正确读数;特别注意观察固定套管上中线之下的刻线位置,防止误读 0.5 mm。

(5) 严禁在工件的毛坯面、运动工件或温度较高的工件上进行测量,以防损伤千分尺的精度和影响测量精度。

(6) 使用完毕擦净上油,放入专用盒内,置于干燥处。

三、两孔中心距、孔中心高度的测量

1. 两孔中心距的测量

精度较低的中心距可用卡钳和钢直尺配合测量,测量方法见图 1-19 所示。精度较高的中心距可用游标卡尺测量,测量方法见图 1-20 所示。

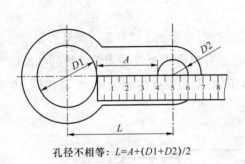

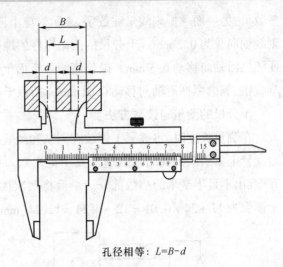

孔径不相等：$L=A+(D1+D2)/2$

孔径相等：$L=B-d$

图 1-19　用卡钳和钢直尺测量中心距

图 1-20　用游标卡尺测量中心距

2. 孔中心高度的测量

孔的中心高度可用钢直尺或游标卡尺测量，图 1-21 所示为用钢直尺和游标卡尺测量孔的中心高度的方法，也可采用卡钳配合钢直尺进行测量。

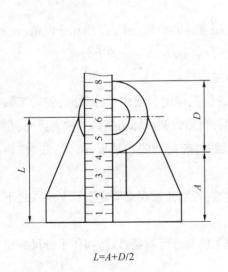

$L=A+D/2$

$L=A+D/2$

图 1-21　用钢直尺和游标卡尺测量孔的中心高

四、壁厚的测量

零件的壁厚可用钢直尺或者卡钳和钢直尺配合测量，也可用游标卡尺和量块配合测量，测量方法如图 1-22 所示。

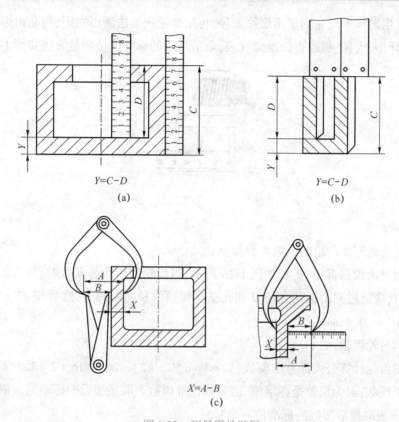

$$Y=C-D$$
(a)

$$Y=C-D$$
(b)

$$X=A-B$$
(c)

图 1-22 测量零件壁厚

(a) 用钢直尺测量;(b) 用游标卡尺测量;(c) 用卡钳和钢直尺测量

五、标准件(标准结构)的测量

1. 螺纹的测量

测量螺纹需要测出螺纹的直径和螺距。螺纹的旋向和线数可直接观察(一般连接用螺纹为右旋单线螺纹)。对于外螺纹,可测量外径和螺距,对于内螺纹可测量内径和螺距。测螺距可用螺纹规或者用直尺测量,螺纹规是由一组带牙的钢片组成,如图 1-23 所示,每片的螺距都标有数值,只要在螺纹规上找到一片与被测螺纹的牙型完全吻合,从该片上就得知被测螺纹的螺距大小,测量方法见图 1-24 所示。然后把测得的螺距和内、外径的数值与螺纹标准核对,选取与其相近的标准值。

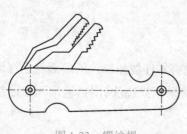

图 1-23 螺纹规

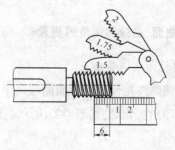

图 1-24 用螺纹规或直尺测螺距

另外也可用游标卡尺先测量出螺纹大径,再用薄纸压痕法测出螺距,判断出螺纹的线数和旋向后,根据牙型、大径、螺距查标准螺纹表,取最接近的标准值。测量方法如图 1-25 所示。

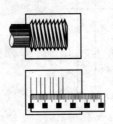

图 1-25　用压痕法测量螺距

2. 齿轮的测量

直齿圆柱齿轮制图测绘的一般步骤如下:

(1) 先测量齿顶圆直径(d_a),如图 1-26 所示,当齿轮的齿数是偶数时,可直接量得 d'_a;当齿数为奇数时,应通过测出轴孔直径 D 和孔壁至齿顶的径向距离 H,然后按 $d'_a = D + 2H$ 式算出 d'_a。图中 $d'_a = 20.8$ mm;

(2) 数出齿轮齿数,如 $z = 16$;

(3) 根据齿轮计算公式计算出模数,如 $m' = d'_a/(z+2) = 20.8/16 + 2 = 3.3$(mm);

(4) 修正模数,因为模数是标准值,需要查标准模数表取最接近的标准值。根据计算出的模数值 3.3,查表取得最接近的标准值 $m = 3.5$;

(5) 根据齿轮计算公式计算出齿轮各部分尺寸。齿顶圆 d_a、齿根圆 d_f、分度圆 d 计算公式如:$d_a = m(z+2)$;$d_f = m(z-2.5)$;$d = mz$。

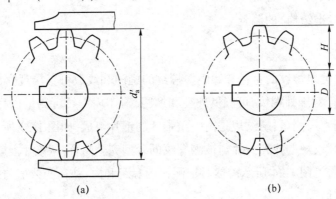

(a)　　　　　　　　　　　(b)

图 1-26　齿轮齿顶圆测量方法

六、曲面、曲线和圆角的测量

1. 用拓印法测量曲面

具有圆弧连接性质的曲面曲线可采用拓印法,先将零件被测部位的端面涂上红泥,再放在白纸上拓印出其轮廓,如图 1-27 所示。曲面曲线也可采用描迹法,用铅笔描画出曲线轮廓,如图 1-28 所示。

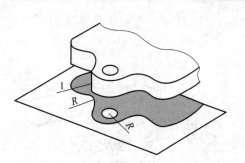

图 1-27　用拓印法测量曲面

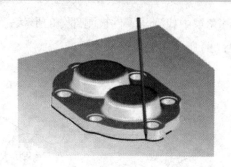

图 1-28　用描迹法测量曲面

接着对通过拓印法或描迹法得到的曲线进行分析,根据组成曲线的线段连接情况用直线或圆弧进行拟合。如是直线段,确定其位置和长度,如是圆弧,用几何作图的方法找出其圆心,测量半径,最后根据所得尺寸按几何作图的方法画出轮廓曲线。图 1-29 所示为拓印法或描迹法所得曲线圆心的求作方法。

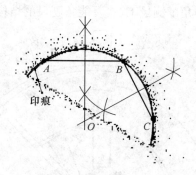

图 1-29　几何作图法求作轮廓曲线的圆心

2. 用坐标法测量曲线

将被测表面上的曲线部分平行放在纸上,先用铅笔描画出曲线轮廓(描迹法),在曲线轮廓上确定一系列均等的点,然后逐个求出曲线上各点的坐标值,再根据点的坐标值确定各点的位置,最后按点的顺序用曲线板画出被测表面轮廓曲线,如图 1-30 所示。

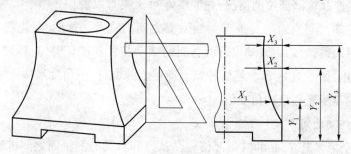

图 1-30　用坐标法测量曲面

3. 用圆角规测量圆角半径

零件上的圆角可采用圆角规测量圆弧半径,如图 1-31(a)所示是一组圆角规。每组圆角规有很多片,一端测量外圆角,一端测量内圆角,每一片均标有圆角半径的数值。测量时,只要在圆角规中找到与零件被测部分的形状完全吻合的一片,就可以得知圆角半径的大小。如图1-31(b)所示。

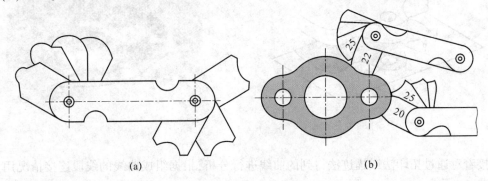

(a)   (b)

图1-31 用圆角规测量圆弧半径

七、角度的测量

万能角度尺是一种通用的角度测量工具,万能角度尺的结构如图1-32所示。

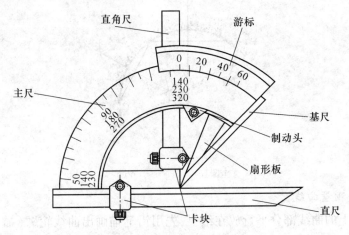

图1-32 万能角度尺的结构

测量时,根据产品被测部位的情况,先调整好角尺或直尺的位置,用卡块上的螺钉把它们紧固住,再来调整基尺测量面与其他有关测量面之间的夹角。这时,要先松开制动头上的螺母,移动主尺作粗调整,然后再转动扇形板背面的微动装置作细调整,直到两个测量面与被测表面密切贴合为止,如图1-33示。然后拧紧制动器上的螺母,把角度尺取下来,根据游标尺上的刻度,便可以读出所要测量的角度值。

1. 测量0°~50°之间角度

角尺和直尺全都装上,产品的被测部位放在基尺和直尺的测量面之间进行测量,如图1-34所示。

2. 测量50°~140°之间角度

可把角尺卸掉,把直尺装上去,使它与扇形板连在一起。工件的被测部位放在基尺和直尺的测量面之间进行测量。也可以不拆下角尺,只把直尺和卡块卸掉,再把角尺拉到下边来,直

图 1-33 万能角度尺使用方法

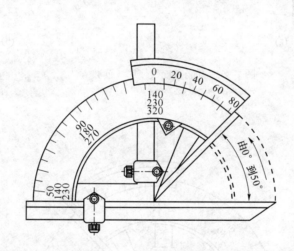

图 1-34 万能角度尺使用与读数方法(一)

到角尺短边与长边的交线和基尺的尖棱对齐为止。把工件的被测部位放在基尺和角尺短边的测量面之间进行测量,如图 1-35 所示。

3. 测量 140°~230°之间角度

把直尺和卡块卸掉,只装角尺,但要把角尺推上去,直到角尺短边与长边的交线和基尺的尖棱对齐为止。把工件的被测部位放在基尺和角尺短边的测量面之间进行测量,如图 1-36 所示。

4. 测量 230°~320°之间角度

把角尺、直尺和卡块全部卸掉,只留下扇形板和主尺(带基尺)。把产品的被测部位放在基尺和扇形板测量面之间进行测量,如图 1-37 所示。

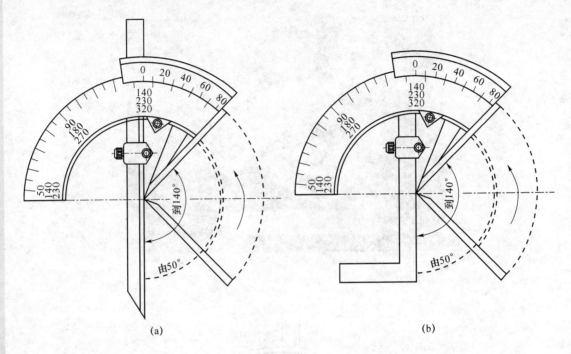

图 1-35 万能角度尺使用与读数方法(二)

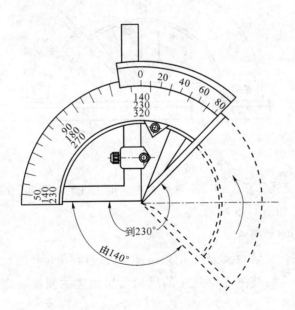

图 1-36 万能角度尺使用与读数方法(三)

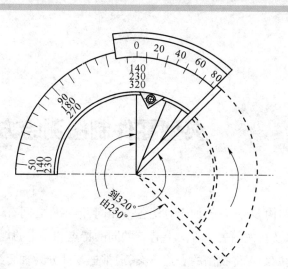

图 1-37　万能角度尺使用与读数方法(四)

第二篇

典型零件制图测绘方法

虽然零件的形状结构多种多样,加工方法各不相同,但零件之间有许多共同之处。零件的作用、主要结构形状以及在视图表达方法上有着共同的特点和一定的规律性,根据机械制图零件图有关知识可知,为归纳零件视图的表达方案,通常把零件分为轴套类零件、轮盘类零件、叉架类零件和箱体类零件四大类,这些零件我们常称为典型零件。本章将结合《机械制图》中零件图的相关知识简要介绍这些典型零件的作用和结构分析、视图表达方法的选择、零件制图测绘方法和步骤、零件的材料和技术要求选择等内容。

第一节　轴套类零件的制图测绘

一、轴套类零件

轴套类零件是组成机器部件的重要零件之一。它的主要作用是安装、支承回转零件如齿轮、皮带轮等,并传递动力,同时又通过轴承与机器的机架连接起到定位作用。

1. 轴套类零件的结构

轴类零件的基本形状是同轴回转体,通常由圆柱体、圆锥体、内孔等组成,在轴上常加工有键槽、销孔、油孔、螺纹等标准结构。为方便加工和安装,有退刀槽、砂轮越程槽、倒角、圆角、中心孔等工艺结构。如图 2-1 所示为轴套类零件,其结构为长圆筒状,内孔和外表面加工有越程槽、油孔、键槽等结构,端面有倒角。

图 2-1　轴、轴套及其结构

2. 轴套类零件的视图选择

轴套类零件主要是在车床和磨床上加工,装夹时将轴的轴线水平放置,因此轴套类零件常按工作位置或加工位置安放,即把轴线放成水平位置来选择主视图的投影方向。常采用断面图、局部剖视图、局部放大图来表达轴套零件上的键槽、内孔、退刀槽等局部结构。图 2-2 所示为齿轮轴(在机械零部件设计时,当圆柱齿轮的齿根圆至键槽底部的距离小于等于(2~2.5)mm,或当圆锥齿轮小端的齿根圆至键槽底部的距离小于等于(2~2.5)mm时,应将齿轮与轴制成一体,称为齿轮轴)的零件图。

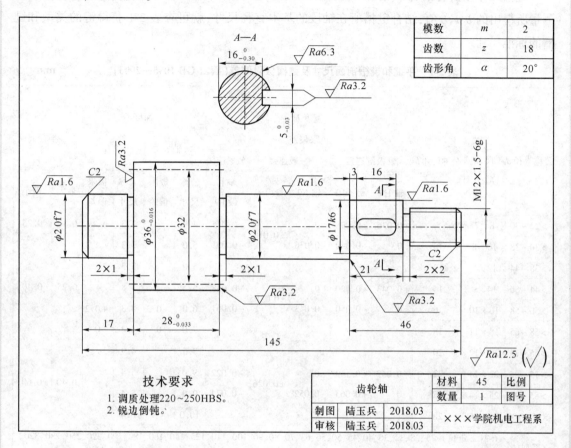

图 2-2　齿轮轴零件图

二、轴套类零件的尺寸与测量

1. 轴向尺寸与径向尺寸的测量

轴套类零件的尺寸主要有轴向尺寸和径向尺寸两类(即轴的长度尺寸和直径尺寸)。重要的轴向尺寸要以轴的安装端面(轴肩端面)为主要尺寸基准,其他尺寸可以以轴的两头端面作为辅助尺寸基准。径向尺寸(即轴的直径尺寸)是以轴的中轴线为主要尺寸基准。

轴的轴向尺寸一般为非配合尺寸,可用钢直尺、游标卡尺直接测量各段的长度和总长度,然后圆整成整数。轴套类零件的总长度尺寸应直接度量出数值,不可用各段轴的长度累加计算。

轴的径向尺寸多为配合尺寸,先用游标卡尺或千分尺测量出各段轴径后,根据配合类型、表面粗糙度等级查阅轴或孔的极限偏差表对照选择相对应的轴的基本尺寸和极限偏差值。

2. 标准结构尺寸测量

轴套上的螺纹主要起定位和锁紧作用,一般以普通三角形螺纹较多。普通螺纹的大径和螺距可用螺纹量规直接测量,测量方法参见图 1-24 所示。也可以采用综合测量法测量出大径和螺距,然后查阅标准螺纹表选用接近的标准螺纹尺寸。

键槽尺寸主要有槽宽 b、槽深 t 和长度 L 三种,从键槽的外形就可以判断键的类型。根据测量所得出的 b、t、L 值,结合键槽所在轴段的基本直径尺寸,就可查表 2-1 获得键的类型和键槽的标准尺寸。

表 2-1　平键和键槽剖面尺寸及键槽极限偏差(摘自 GB 1095—2003)　　　　mm

轴	键	键 槽											
			宽度 b					深度				半径	
	公称尺寸 $b \times h$	公称尺寸 b	极限偏差					轴 t		毂 t_1			
公称直径 d			较松键连接		一般连接		较紧连接	公称尺寸	极限偏差	公称尺寸	极限偏差	最大	最小
			轴 H9	毂 D10	轴 N9	毂 JS9	轴和毂 P9						
>22~30	8×7	8	+0.036 0	+0.098 +0.040	0 −0.036	±0.018	−0.015 −0.051	4.0		3.3		0.16	0.25
>30~38	10×8	10						5.0		3.3			
>38~44	12×8	12	+0.043 0	+0.120 +0.050	0 −0.043	±0.021 5	−0.018 −0.061	5.0		3.3		0.25	0.40
>44~50	14×9	14						5.5		3.8			
>50~58	16×10	16						6.0	+0.2 0	4.3	+0.2 0		
>58~65	18×11	18						7.0		4.4			
>65~75	20×12	20	+0.052 0	+0.149 +0.065	0 −0.052	±0.026	−0.022 −0.074	7.5		4.9		0.40	0.60
>75~85	22×14	22						9.0		5.4			
>85~95	25×14	25						9.0		5.4			
>95~100	28×16	28						10.0		6.4			
l 系列	6-2(二进位)、25、28、32、36、40、45、50、56、63、70、80、90、100、110、125、140、160、180、200、220、250、280、320、360、400、450、500												

例:测得圆头普通平键槽宽度为 9.96,槽深为 5.5,长度为 36.5,查阅键与键槽国家标准,与其最接近的标准尺寸是 $b = 10$,$t = 5$,$l = 36$,与其配合的圆头普通平键标准尺寸为:$10 \times 8 \times 36$。

销的作用是定位。常用的销有圆柱销和圆锥销。先用游标卡尺或千分尺测出销的直径和长度(圆锥销测量小头直径),然后根据销的类型查表 2-2 和表 2-3 确定销的公称直径和销的长度。

表 2-2　圆柱销(不淬硬钢和奥氏体不锈钢)(摘自 GB/T 119.1—2000)　　　　mm

d 公称	2	3	4	5	6	8	10	12	16	20	25
$a \approx$	0.25	0.4	0.5	0.63	0.8	1.0	1.2	1.6	2.0	2.5	3.0
$c \approx$	0.35	0.5	0.63	0.8	1.2	1.6	2.0	2.5	3.0	3.5	4.0
l 范围	6~20	8~30	8~40	10~50	12~60	14~80	18~95	22~140	26~180	35~200	50~200
l 系列	2、3、4、5、6~32(2 进位)、35~100(5 进位)、120~200(20 进位)										

表 2-3　圆锥销（摘自 GB/T 117—2000）　　　　　　　　mm

$d_{公称}$	2	2.5	3	4	5	6	8	10	12	16	20	25
$a \approx$	0.25	0.3	0.4	0.5	0.63	0.8	1.0	1.2	1.6	2.0	2.5	3.0
$l_{范围}$	10~35	10~35	12~45	14~55	18~60	22~90	22~120	26~160	32~180	40~200	45~200	50~200
$l_{系列}$	2、3、4、5、6~32（2 进位）、35~100（5 进位）、120~200（20 进位）											

3. 工艺结构尺寸的测量

轴套零件上常见的工艺结构有退刀槽、倒角和倒圆、中心孔等，先测得这些结构的尺寸，然后查阅有关工艺结构的画法与尺寸标注方法，按照工艺结构标注方法统一标注，如常见倒角标注为 C1（C 代表 45°倒角），退刀槽尺寸标注为 2×1（2 表示槽宽尺寸，1 表示较低的轴肩高度尺寸）或 2×ϕd（2 表示槽宽尺寸，ϕd 表示槽所在轴段直径尺寸）。

三、轴套类零件的技术要求

1. 尺寸公差的选择

轴与其他零件有配合要求的尺寸，应标注尺寸公差，公差等级的选择有一个基本原则，就是在能够满足使用要求的前提下，应尽量选择低的公差等级。在确定有配合的孔、轴的公差等级的时候，还应该考虑到孔、轴的工艺等价性，当基本尺寸≤500 mm 且标准公差≤IT8 的孔比同级的轴加工困难，国家标准推荐孔与比它高一级的轴配合，而基本尺寸≤500 mm 且标准公差>IT8 的孔以及基本尺寸>500 mm 的孔，测量精度容易保证，国家标准推荐孔、轴采用同级配合。在一般应用场合，可根据轴的使用要求参考同类型的零件图，用类比法确定极限尺寸。主要配合轴的直径尺寸公差等级一般为 IT5~IT9 级，相对运动的或经常拆卸的配合尺寸其公差等级要高一些，相对静止的配合其公差等级相应要低一些。如轴与轴承配合尺寸其公差带可选为 f6，与皮带轮的配合尺寸公差带选为 k7，与齿轮配合尺寸其公差带也可选 k7。

对于阶梯轴的各段长度尺寸可按使用要求给定尺寸公差，或者按装配尺寸链要求分配公差。

套类零件的外圆表面通常是支承表面，常用过盈配合或过渡配合与轮上的孔配合，外径公差一般为 IT6~IT7 级。如果外径尺寸不作配合要求，可直接标注直径尺寸。套类零件的孔径尺寸公差一般为 IT7~IT9 级（为便于加工，通常孔的尺寸公差要比轴的尺寸公差低一等级），精密轴套孔尺寸公差为 IT6 级。轴套类零件的公差等级和基本偏差的应用参考表 2-4、表 2-5 和表 2-6。在实际制图测绘中，尺寸公差也可采用类比法参照同类型零件的尺寸公差选用。

表 2-4　标准公差数值

基本尺寸/mm	公差等级																				
	IT01	IT0	IT1	IT2	IT3	IT4	IT5	IT6	IT7	IT8	IT9	IT10	IT11	IT12	IT13	IT14	IT15	IT16	IT17	IT18
	/μm														/mm					
≤3	0.3	0.5	0.8	1.2	2	3	4	6	10	14	25	40	60	100	0.14	0.25	0.40	0.60	1.0	1.4
>3~6	0.4	0.6	1	1.5	2.5	4	5	8	12	18	30	48	75	120	0.18	0.30	0.48	0.75	1.2	1.8
>6~10	0.4	0.6	1	1.5	2.5	4	6	9	15	22	36	58	90	150	0.22	0.36	0.58	0.90	1.5	2.2
>10~18	0.5	0.8	1.2	2	3	5	8	11	18	27	43	70	110	180	0.27	0.43	0.70	1.10	1.8	2.7
>18~30	0.6	1	1.5	2.5	4	6	9	13	21	33	52	84	130	210	0.33	0.52	0.84	1.30	2.1	3.3
>30~50	0.6	1	1.5	2.5	4	7	11	16	25	39	62	100	160	250	0.39	0.62	1.00	1.60	2.5	3.9
>50~80	0.8	1.2	2	3	5	8	13	19	30	46	74	120	190	300	0.46	0.74	1.20	1.90	3.0	4.6
>80~120	1	1.5	2.5	4	6	10	15	22	35	54	87	140	220	350	0.54	0.87	1.40	2.20	3.5	5.4

表 2-5　基本尺寸 ≤140 mm 轴的基本偏差（GB/T 1800.1—2009）

基本偏差		上偏差 es											js	下偏差 ei				
		a	b	c	cd	d	e	ef	f	fg	g	h		j			k	
基本尺寸/mm		公差等级/μm																
大于	至	所有级												5、6	7	8	4~7	≤3 >7
—	3	−270	−140	−60	−34	−20	−14	−10	−6	−4	−2	0		−2	−4	−6	0	0
3	6	−270	−140	−70	−46	−30	−20	−14	−10	−6	−4	0		−2	−4	—	+1	0
6	10	−280	−150	−80	−56	−40	−25	−18	−13	−8	−5	0		−2	−5	—	+1	0
10	14	−290	−150	−95	—	−50	−32	—	−16	—	−6	0		−3	−6	—	+1	0
14	18																	
18	24	−300	−160	−110	—	−65	−40	—	−20	—	−7	0	偏差等于 ± IT/2	−4	−8	+2	0	
24	30																	
30	40	−310	−170	−120		−80	−50		−25		−9	0		−5	−10	—	+2	0
40	50	−320	−180	−130														
50	65	−340	−190	−140		−100	−60		−30		−10	0		−7	−12	—	+2	0
65	80	−360	−200	−150														
80	100	−380	−220	−170		−120	−72		−36		−12	0		−9	−15	—	+3	0
100	120	−410	−240	−180														
120	140	−460	−260	−200		−145	−85		−43		−14	0		−11	−18	—	+3	0

表 2-6　基本尺寸 ≤120 mm 孔的基本偏差（GB/T 1800.1—2009）

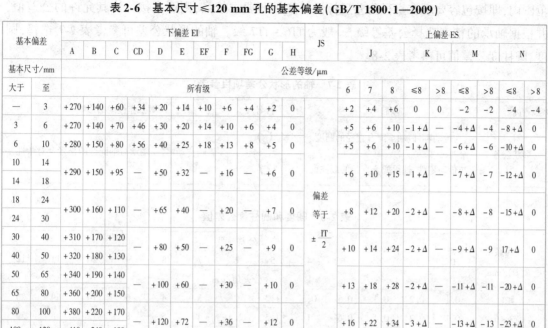

基本偏差		下偏差 EI											JS	上偏差 ES								
		A	B	C	CD	D	E	EF	F	FG	G	H		J			K		M		N	
基本尺寸/mm		公差等级/μm																				
大于	至	所有级												6	7	8	≤8	>8	≤8	>8	≤8	>8
—	3	+270	+140	+60	+34	+20	+14	+10	+6	+4	+2	0		+2	+4	+6	0	0	-2	-2	-4	-4
3	6	+270	+140	+70	+46	+30	+20	+14	+10	+6	+4	0		+5	+6	+10	-1+Δ	—	-4+Δ	-4	-8+Δ	0
6	10	+280	+150	+80	+56	+40	+25	+18	+13	+8	+5	0		+5	+6	+10	-1+Δ	—	-6+Δ	-6	-10+Δ	0
10	14	+290	+150	+95	—	+50	+32	—	+16	—	+6	0		+6	+10	+15	-1+Δ	—	-7+Δ	-7	-12+Δ	0
14	18	+290	+150	+95	—	+50	+32	—	+16	—	+6	0	偏差等于 ±IT/2	+6	+10	+15	-1+Δ	—	-7+Δ	-7	-12+Δ	0
18	24	+300	+160	+110	—	+65	+40	—	+20	—	+7	0		+8	+12	+20	-2+Δ	—	-8+Δ	-8	-15+Δ	0
24	30	+300	+160	+110	—	+65	+40	—	+20	—	+7	0		+8	+12	+20	-2+Δ	—	-8+Δ	-8	-15+Δ	0
30	40	+310	+170	+120	—	+80	+50	—	+25	—	+9	0		+10	+14	+24	-2+Δ	—	-9+Δ	-9	17+Δ	0
40	50	+320	+180	+130	—	+80	+50	—	+25	—	+9	0		+10	+14	+24	-2+Δ	—	-9+Δ	-9	17+Δ	0
50	65	+340	+190	+140	—	+100	+60	—	+30	—	+10	0		+13	+18	+28	-2+Δ	—	-11+Δ	-11	-20+Δ	0
65	80	+360	+200	+150	—	+100	+60	—	+30	—	+10	0		+13	+18	+28	-2+Δ	—	-11+Δ	-11	-20+Δ	0
80	100	+380	+220	+170	—	+120	+72	—	+36	—	+12	0		+16	+22	+34	-3+Δ	—	-13+Δ	-13	-23+Δ	0
100	120	+410	+240	+180	—	+120	+72	—	+36	—	+12	0		+16	+22	+34	-3+Δ	—	-13+Δ	-13	-23+Δ	0

2. 几何公差的选择（形位精度设计）

形位精度设计的主要内容包括：合理选用公差原则和相关要求；根据零件的结构特征、功能关系、检测条件以及有关标准件的要求，选择几何公差项目；根据零件的功能和精度要求、制造成本等，确定几何公差值；按标准规定进行图样标注。选择几何公差项目可根据零件的几何特征（零件加工误差出现的形式与零件的几何特征有密切联系）和零件的功能要求（对零件功能有显著影响的误差项目才规定合理的几何公差）两个方面。制图测绘时应尽量减少几何公差项目标注，对于那些对零件使用性能影响不大，并能够由尺寸公差控制的几何误差项目，或使用经济的加工工艺和加工设备能够满足要求时，不必在图样上标注几何公差，即按未注几何公差处理。选择公差项目应考虑以下几个主要方面：

保证零件的工作精度。例如在减速器箱体中，安装齿轮副的两孔轴线如果不平行，会影响齿轮副的接触精度和齿侧间隙的均匀性，降低承载能力，应对其规定轴线的平行度公差。

保证连接强度和密封性。例如：减速器机盖与机座之间要求有较好的联结强度和很好的密封性，应对这两个相互贴合的平面给出平面度公差；在孔、轴过盈配合中，圆柱面的形状误差会影响整个结合面上的过盈量，降低连接强度，应规定圆度或圆柱度公差等。

减少磨损，延长零件的使用寿命。例如：在有相对运动的孔、轴间隙配合中，内、外圆柱面的形状误差会影响两者的接触面积，造成零件早期磨损失效，降低零件使用寿命，应对圆柱面规定圆度、圆柱度公差；对滑块等作相对运动的平面，则应给出平面度公差要求等。

（1）形状公差的选择

轴套类零件通常是用轴承支承在两段轴颈上，这两个轴颈是装配基准，其几何精度（圆度、圆柱度）应有形状公差要求。对精度要求一般的轴颈，其几何形状公差应限制在直径公差范围内，即按包容要求在直径公差后标注。如轴颈要求较高，则可直接标注其允许的公差值，并根据轴承的精度选择公差等级，一般为 IT6 ~ IT7 级。轴的形状公差可参考表 2-7 选择，圆度、圆柱度公差值可参考表 2-8。

表 2-7 轴的形状公差项目参考

内容	项目	符号	对工作性能的影响
形状公差	与传动零件、轴承配合直径的圆度	○	影响传动零件、轴承与轴配合的松紧及对中性
	与传动零件、轴承配合直径的圆柱度	⌭	

表 2-8 圆度和圆柱度公差值

主参数 $d(D)$/mm	公差等级												
	0	1	2	3	4	5	6	7	8	9	10	11	12
	公差值/μm												
≤3	0.1	0.2	0.3	0.5	0.8	1.2	2	3	4	6	10	14	25
>3 ~ 6	0.1	0.2	0.4	0.6	1	1.5	2.5	4	5	8	12	18	30
>6 ~ 10	0.12	0.25	0.4	0.6	1	1.5	2.5	4	6	9	15	22	36
>10 ~ 18	0.15	0.25	0.5	0.8	1.2	2	3	5	8	11	15	27	43
>18 ~ 30	0.2	0.3	0.6	1	1.5	2.5	4	6	9	13	21	33	52
>30 ~ 50	0.25	0.4	0.6	1	1.5	2.5	4	7	11	16	25	39	62
>50 ~ 80	0.3	0.5	0.8	1.2	2	3	5	8	13	19	30	46	74
>80 ~ 120	0.4	0.6	1	1.5	2.5	4	6	10	15	22	35	54	87
>120 ~ 180	0.6	1	1.2	2	3.5	5	8	12	18	25	40	63	100
>180 ~ 250	0.8	1.2	2	3	4.5	7	10	14	20	29	46	72	115
>250 ~ 315	1	1.6	2.5	4	6	8	12	16	23	32	52	81	130
>315 ~ 400	1.2	2	3	5	7	9	13	18	25	36	57	89	140
>400 ~ 500	1.5	2.5	4	6	8	10	15	20	27	40	63	97	155

套类零件有配合要求的外表面其圆度公差应控制在外径尺寸公差范围内，精密轴套孔的圆度公差一般为尺寸公差的 1/2 ~ 1/3，对较长的套筒零件，除圆度要求之外，还应标注圆孔轴线的直线度公差。

（2）位置公差和跳动公差的选择

轴类零件的配合轴径相对于支承轴径的同轴度是相互位置精度的普遍要求，常用径向圆跳动来表示，以便测量。一般配合精度的轴径，其支承轴径的径向圆跳动一般为 0.01 ~ 0.03 mm，高精度的轴为 0.001 ~ 0.005 mm，对轴上键槽两工作面应标注对称度，此外，还应标注轴向定位端面与轴线的垂直度。轴的位置公差和跳动公差可参考表 2-9 选择，其公差值可参考表 2-10 选择。

表 2-9 轴的位置公差项目参考

内容	项目	符号	对工作性能的影响
跳动公差	与传动零件、轴承配合直径相对于轴心线的径向圆跳动或全跳动	∤或∤∤	导致传动件、轴承的运动偏心
	齿轮、轴承的定位端面相对于轴心线端面圆跳动或全跳动	∤或∤∤	影响齿轮、轴承的定位及受载的均匀性
位置公差	键槽对轴心线的对称度	=	影响键受载的均匀性及键的拆卸

表 2-10 同轴度、对称度、圆跳动和全跳动公差值

主参数 L、B、$d(D)$/mm	公差等级											
	1	2	3	4	5	6	7	8	9	10	11	12
	公差值/μm											
≤1	0.4	0.6	1	1.5	2.5	4	6	10	15	25	40	60
>1~3	0.4	0.6	1	1.5	2.5	4	6	10	20	40	60	120
>3~6	0.5	0.8	1.2	2	3	5	8	12	25	50	80	150
>6~10	0.6	1	1.5	2.5	4	6	10	15	30	60	100	200
>10~18	0.8	1.2	2	3	5	8	12	20	40	80	120	250
>18~30	1	1.5	2.5	4	6	10	15	25	50	100	150	300
>30~50	1.2	2	3	5	8	12	20	30	60	120	200	400
>50~120	1.5	2.5	4	6	10	15	25	40	80	150	250	500
>120~250	2	3	4	8	12	20	30	50	100	200	300	600
>250~500	2.5	4	6	10	15	25	40	60	120	250	400	800

套类零件内外圆的同轴度要根据加工方法不同选择精度高低,如果套类零件的孔是将轴套装入机座后进行加工的,套的内外圆的同轴度要求较低,若是在装配前加工完成的,则套的内孔对套的外圆的同轴度要求较低,一般为 $\phi0.01 \sim \phi0.05$ mm。

在实际制图测绘中,几何公差也可采用类比法参照同类型零件的几何公差选用。

3. 表面粗糙度的选择

零件表面粗糙度根据各个表面的工作要求及精度等级来确定,可以参考同类零件的粗糙度要求或使用粗糙度样板进行比较确定。零件表面粗糙度常用 Ra 作为评定参数,Ra 的参数值如表 2-11。

表 2-11　表面粗糙度 *Ra* 值　　　　　　　　　　μm

系列值	补充系列	系列值	补充系列	系列值	补充系列	系列值	补充系列
0.012	0.008	0.20	0.125	1.6	1.25	12.5	16
0.025	0.010	0.40	0.160	3.2	2.0	25	20
0.050	0.016	0.80	0.25	6.3	2.5	50	32
0.100	0.020		0.32		4.0	100	40
	0.032		0.50		5.0		63
	0.040		0.63		8.0		80
	0.063		1.00		10.0		
	0.080						

确定表面粗糙度时一般应遵循以下原则：

（1）一般情况下，零件的接触表面比非接触表面的粗糙度要求高。

（2）零件表面有相对运动时，相对速度越高所受单位面积压力越大，粗糙度要求越高。

（3）间隙配合的间隙越小，表面粗糙度要求应越高，过盈配合为了保证连接的可靠性亦应有较高要求的粗糙度。

（4）在配合性质相同的条件下，零件尺寸越小则粗糙度要求越高，轴比孔的粗糙度要求高。要求密封、耐腐蚀或装饰性的表面粗糙度要求高。

（5）受周期载荷的表面粗糙度要求应较高。

（6）轴套类零件都是机械加工表面，在一般情况下，结合以上原则可知轴的支承轴颈表面粗糙度等级较高，常选择 *Ra*0.8～3.2，其他配合轴径的表面粗糙度为 *Ra*3.2～6.3，非配合表面粗糙度则选择 *Ra*12.5。

（7）套类零件有配合要求的外表面粗糙度可选择 *Ra*0.8～1.6。孔的表面粗糙度一般为 *Ra*0.8～3.2，要求较高的精密套可达 *Ra*0.1，*Ra* 参数值参考表 2-12 选择，轴套类零件表面粗糙度的特征和加工方法可参看"附录三"。在实际制图测绘时，零件各表面的表面粗糙度参数可参考同类零件运用类比的方法确定。

表 2-12　轴的机加工表面粗糙度参数值参考表　　　　　　　　μm

加工表面	粗糙度 *Ra* 值
与传动件、联轴器等零件的配合表面	0.4～1.6
与普通精度等级的滚动轴承配合表面	0.8,1.6
与传动件、联轴器等零件的轴肩端面	1.6,3.2
与滚动轴承配合的轴肩端面	0.8 ,1.6
平键键槽	3.2、1.6(工作面),6.3(非工作面)
其他表面	6.3,3.2(工作面),12.5,25(非工作面)

5. 材料与热处理的选择

轴类零件材料的选择与工作条件和使用要求不同有关,所选择的热处理方法也不同。轴的材料常采用合金钢制造,如 35 号、45 号合金钢,调质到 230 ~ 260HBS。(强度要求高的轴,可用 40Cr 钢,调质硬度达到 230 ~ 240HBS 或淬硬到 35 ~ 42HRC。在滑动轴承中运转的轴,可用 15 钢或 20Cr 钢,渗碳淬火硬度达到 56 ~ 62HRC,也可用 45 钢表面高频淬火。)常采用调质、正火、淬火等热处理方法,以获得一定的强度、韧性和耐磨性。

套类零件常采用退火、正火、调质和表面淬火等热处理方法。轴套类零件的热处理方法可参考"附录四"。

第二节 轮盘类零件的制图测绘

一、轮盘类零件的作用

轮盘类零件是机器、部件上的常见零件,盘类零件的主要作用有连接、支承、轴向定位和传递动力等,如齿轮、皮带轮、阀门和手轮等;还有传递扭矩、定位、支承和密封等,如电机、水泵、减速器的端盖等。这类零件的基本形体一般为回转体或其他几何形状的扁平的盘状体,通常还带有各种形状的凸缘、均布的圆孔和肋等局部结构。

二、轮盘类零件的结构

轮盘类零件的主体结构一般由同一轴线多个扁平的圆柱体组成,直径明显大于轴或轴孔,形似圆盘状。为加强结构连接的强度,常有肋板、轮辐等连接结构。为便于安装紧固,沿圆周均匀分布有螺栓孔或螺纹孔,此外还有销孔、键槽等标准结构。如图 2-3 所示。

图 2-3 轮盘类零件及其结构

三、轮盘类零件的视图选择

轮盘类零件加工以车削为主,一般按工作位置或加工位置放置,对有些不以车床加工为主的零件可按形状特征和工作位置确定,以轴线的水平方向投影来选择主视图。轮盘类零件一般需要两个视图,视结构形状及位置再选用一个左视图(或右视图)来表达轮盘零件的外形和安装孔的分布情况。主视图常采用全剖视来表达内部结构,肋板、轮辐等局部结构可用断面图来表达其断面形状,细小结构可采用局部放大图表达,根据轮盘类零件的结构特点,各个视图具有对称平面时,可作半剖视,无对称平面时,可作全剖视。如图2-4所示为轴承盖零件图。

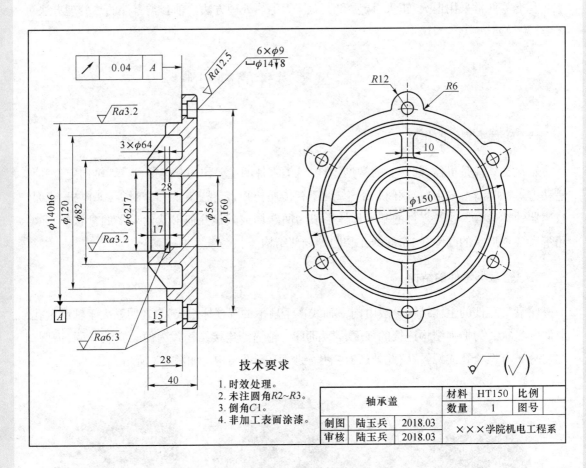

图2-4 端盖零件图

四、轮盘类零件的尺寸与测量

轮盘类零件在标注尺寸时,通常以重要的安装端面或定位端面(配合或接触表面)作为轴向尺寸主要基准。以中轴线作为径向尺寸主要基准。轮盘零件尺寸测量方法如下:

(1) 轮盘零件的配合孔或轴的尺寸要用游标卡尺或千分尺测量出圆的直径,再查表选用符合国家标准推荐的基本尺寸系列,如轴与轴孔尺寸、销孔尺寸、键槽尺寸等。

(2) 定形尺寸、定位尺寸都比较明显,内外尺寸应分开标注。制图测绘零件上的曲线轮廓时,可用拓印法、铅丝法或坐标法获得其尺寸。

(3) 测量各安装孔直径,并且确定各安装孔的中心定位尺寸。当零件上有辐射状均匀分布的孔时,一般应测出各均布孔圆心所在的定位圆直径。孔为偶数时,定位圆直径的测量与测两相同孔径中心距的方法相同;孔为奇数时,若在定位圆的圆心处,有一同心圆孔,可用两不等孔径中心距的测量方法测量 $D = 2A$,如图 2-5 所示;若均布孔为奇数,而在其中心处又无同心孔,可用间接方法测得,量出尺寸 H 和 d,根据孔的个数算出 α,如图 2-6 所示,图中 $\alpha = 60°$。

$$\sin 60° = \frac{(H+d)/2}{D/2} = \frac{H+d}{D}$$ 。

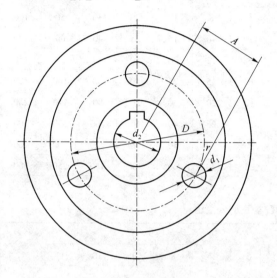
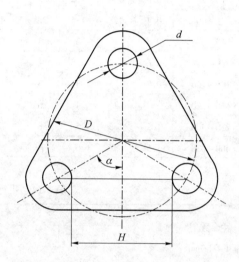

图 2-5 有同心圆时均布孔定位圆直径测量　　图 2-6 无同心圆时均布孔定位圆直径测量

（4）一般性的尺寸如轮盘零件的厚度,铸造结构尺寸可直接度量。

（5）标准件尺寸,如螺纹、键槽、销孔等测出尺寸后还要查表确定标准尺寸。工艺结构尺寸如退刀槽和越程槽、油封槽、倒角和倒圆等,要按照通用标注方法标注。

五、轮盘类零件的技术要求

1. 尺寸公差的选择

轮盘零件有配合要求的轴与孔的尺寸公差较小,要标注尺寸公差,按照配合要求选择基本偏差和公差等级,公差等级一般为 IT6～9 级,公差值及基本偏差可参考表 2-4、表 2-5 和表 2-6 选择。

在实际制图测绘中,尺寸公差也可采用类比法参照同类型零件的尺寸公差选用。

2. 几何公差的选择

轮盘零件与其他零件接触到的表面应有平面度、平行度、垂直度等要求,具体几何公差项目要根据零件具体要求确定,平面度公差值可参考表 2-13,平行度和垂直度公差值可参考表 2-14。外圆柱面与内孔表面应有同轴度要求,一般为 IT7～9 级精度,同轴度公差值也可参考表 2-10 选择。

表2-13 直线度和平面度公差值

主参数	公差等级											
$L(D)/mm$	1	2	3	4	5	6	7	8	9	10	11	12
	公差值/μm											
≤10	0.2	0.4	0.8	1.2	2	3	5	8	12	20	30	60
>10~16	0.25	0.5	1	1.5	2.5	4	6	10	15	25	40	80
>16~25	0.3	0.6	1.2	2	3	5	8	12	20	30	50	100
>25~40	0.4	0.8	1.5	2.5	4	6	10	15	25	40	60	120
>40~63	0.5	1	2	3	5	8	12	20	30	50	80	150
>63~100	0.6	1.2	2.5	4	6	10	15	25	40	60	100	200
>100~160	0.8	1.5	3	5	8	12	20	30	50	80	120	250
>160~250	1	2	4	6	10	15	25	40	60	100	150	300
>250~400	1.2	2.5	5	8	12	20	30	50	80	120	200	400
>400~630	1.5	3	6	10	15	25	40	60	100	150	250	500

表2-14 平行度、垂直度公差值

主参数	公差等级											
$L、d(D)/mm$	1	2	3	4	5	6	7	8	9	10	11	12
	公差值/μm											
≤10	0.4	0.8	1.5	3	5	8	12	20	30	50	80	120
>10~16	0.5	1	2	4	6	10	15	25	40	60	100	150
>16~25	0.6	1.2	2.5	5	8	12	20	30	50	80	120	200
>25~40	0.8	1.5	3	6	10	15	25	40	60	100	150	250
>40~63	1	2	4	8	12	20	30	50	80	120	200	300
>63~100	1.2	2.5	5	10	15	25	40	60	100	150	250	400
>100~160	1.5	3	6	12	20	30	50	80	120	200	300	500
>160~250	2	4	8	15	25	40	60	100	150	250	400	600
>250~400	2.5	5	10	20	30	50	80	120	200	300	500	800
>400~630	3	6	12	25	40	60	100	150	250	400	600	1 000

在实际制图测绘中,几何公差也可采用类比法参照同类型零件的几何公差选用。

3. 表面粗糙度的选择

有配合的内、外表面粗糙度参数值较小;其轴向定位的端面,表面粗糙度参数值也较小。在一般情况下,轮盘零件有相对运动配合的表面粗糙度为 $Ra0.8~1.6$,相对静止配合的表面粗糙度 $Ra3.2~6.3$,非配合表面粗糙度 $Ra6.3~12.5$。也有许多轮盘零件非配合表面是铸造面,如电机、水泵、减速器的端盖外表面,则不需要标注参数值。表面粗糙度参数值可参考表2-11选择。具体零件表面的表面粗糙度确定原则和参数值大小选择参见轴零件有关测绘说明。在实际制图测绘时,零件表面粗糙度参数值可参照同类零件运用类比的方法确定。

4. 材料与热处理的选择

轮盘零件可用类比法或检测法确定零件材料和热处理方法。轮盘零件坯料多为铸锻件，材料为 HT150~200，一般不需要进行热处理。但重要的、受力较大的锻造件常用正火、调质、渗碳和表面淬火等热处理方法，金属材料常见热处理方法可参看"附录四"。

第三节　叉架类零件的制图测绘

一、叉架类零件的作用

叉架类零件包括各种用途的拨叉和支架，如拨叉、连杆、杠杆、摇臂、支架和轴承座等，叉架主要用在机床、内燃机等各种机器上的变速机构、操纵机构上，起到拨动、连接和支承传动作用。

二、叉架类零件的结构

叉架类零件一般是由连接部分、工作部分和安装部分三部分组成，多为铸造件和锻造件，表面多为铸锻表面，而内孔、接触面则是机加工面。连接部分是由工字型、T 型或 U 型肋板结构组成。工作部分常是圆筒状，上面有较多的细小结构，如油孔、油槽、螺孔等。安装部分一般为板状，上面布有安装孔，常有凸台和凹坑等工艺结构，如图 2-7 所示。

图 2-7　叉架及其结构

三、叉架类零件的视图选择

叉架类零件一般都是铸件和锻件毛坯，叉架类零件的结构形状较为复杂，一般都需要两个以上视图。叉架类零件毛坯形状较为复杂，需经不同的机械加工，加工位置难以分出主次，而有的叉架零件在工作中是运动的，其工作位置也不固定。所以这类零件主视图一般按照工作位置、安装位置或形状特征位置综合考虑来确定主视图投影方向，加上一至二个其他的基本视图组成。由于叉架零件的连接结构常是倾斜或不对称的，还需要采用斜视图、局部视图、局部剖视图、断面图等视图表达方法，如图 2-8 所示。

四、叉架类零件的尺寸与测量

叉架零件的尺寸较复杂,它们的长度方向、宽度方向、高度方向的主要基准一般为孔的中心线、轴线、对称平面和较大的加工平面。在标注尺寸时,一般是选择零件的安装基面或零件的对称面作为主要尺寸基准。如图 2-8 所示,该零件选用表面粗糙度等级较高的安装底板的右端面作为长度方向尺寸主要基准,来定位圆筒圆心的位置和其他主要结构尺寸。选用安装底板中间的水平面作为高度方向尺寸主要基准,来确定圆筒圆心的高度定位和其他结构尺寸。由于支架的宽度方向是对称结构,故选用了对称面作为宽度方向尺寸基准。另外工作部分上的各个细部结构,是以圆筒(支承体)轴线作为辅助尺寸基准来标注直径尺寸和细部结构的定位尺寸。

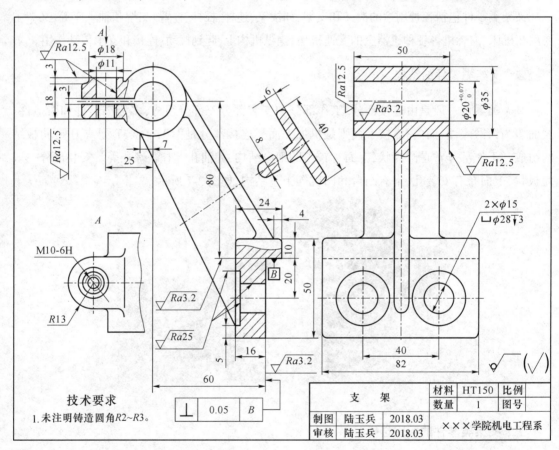

图 2-8　支架零件图

由于支架的支承孔和安装底板是重要的配合结构,支承孔的圆心位置和直径尺寸,底板及底板上的安装孔尺寸应采用游标卡尺或千分尺精确测量,如支承孔和安装孔的孔距用一般通用量具不便测量时,可借助心轴作为辅助工具,配合高度游标卡尺进行测量,如图 2-9 所示。

高度游标卡尺主要用于测量放在平台上的工件各部位的高度,还可进行较精密的划线工作。高度游标卡尺一般由尺身、微动装置、尺框、游标、紧定螺钉、测量爪和底座构成,如图 2-9所示。测量爪有两个测量面,下面是平面,上面是弧形,用来测曲面高度,还可以用来划线。卡尺的测量范围即为标准规格,有 0～200 mm、0～300 mm、0～500 mm、0～1 000 mm 四种,按精度分为 0.02 mm 和 0.05 mm 两种。

通过以上方法测出尺寸需加以圆整或查表选择标准尺寸,其余一般尺寸可直接度量取值。

工艺结构、退刀槽和越程槽、倒角和倒圆等,测出尺寸后还要按照规定标注方法标注,螺纹等标准结构要查表确定标准尺寸。

两轴孔中心距为 $L=(H-a/2)-(h-b/2)$
L—两轴孔中心距;H—上心轴高度;a—上心轴直径;
h—下心轴高度;b—下心轴直径

图 2-9　用高度游标卡尺测量孔中心距

五、叉架类零件的技术要求

1. 尺寸公差的选择

叉架零件工作部分有配合要求的孔要标注尺寸公差,配合孔的中心定位尺寸常标注有尺寸公差,按照配合要求选择合适的基本偏差和公差等级,公差等级一般为 IT7～9 级,尺寸公差数值可参考表 2-4、表 2-5 和表 2-6 选择。

在实际制图测绘中,尺寸公差也可采用类比法参照同类型零件的尺寸公差选用。

2. 几何公差的选择

叉架零件安装底板与其他零件接触到的表面应有平面度、垂直度要求,支承内孔轴线应有平行度要求,具体几何公差项目要根据零件具体要求确定,般为 IT7～9 级精度,平面度公差值可参考表 2-12,平行度和垂直度公差值可参考表 2-14 选择。也可参考同类型的叉架零件图选择。

3. 表面粗糙度的选择

叉架零件表面粗糙度没有特殊要求,通常以零件的工作部分和安装部分提出具体要求。在一般情况下,叉架零件支承孔表面粗糙度为 $Ra3.2～6.3$,安装底板的接触表面粗糙度 Ra

3.2~6.3,非配合表面粗糙度 Ra6.3~12.5,其余表面都是铸造面,不作要求。具体零件表面的表面粗糙度确定原则和参数值大小选择参见轴零件有关测绘说明。在实际制图测绘时,可参考同类零件运用类比的方法确定测绘对象各表面具体的表面粗糙度的值。

4. 材料与热处理的选择

叉架零件可用类比法或检测法确定零件材料和热处理方法。叉架零件坯料多为铸锻件,材料为 HT150~200,一般不需要进行热处理,但重要的、作周期运动且受力较大的锻造件常用正火、调质、渗碳和表面淬火等热处理方法。在具体制图测绘时,叉架零件的材料与热处理的确定可参考同类零件运用类比的方法确定,金属材料常见热处理方法可参看"附录四"。

第四节　箱体类零件的制图测绘

一、箱体类零件的作用

箱体类零件主要用作支承、容纳其他零件以及定位和密封等作用,一般为整个部件的外壳,其内部有空腔、孔等结构,形状比较复杂,如减速器箱体、齿轮油泵泵体、阀门和阀体等。这类零件多是机器或部件的主体件,外部和内部结构都比较复杂,毛坯一般为铸件。

二、箱体类零件的结构

箱体类零件的内腔和外形结构都比较复杂,箱壁上带有轴承孔、凸台、肋板等结构,安装部分还有安装底板、螺栓孔和螺孔,为符合铸件制造工艺特点,安装底板和箱壁、凸台外形常有拔模斜度、铸造圆角、壁厚等铸造件工艺结构,支承孔处常设有加厚凸台或加强肋,表面过渡线较多。如图 2-10 所示减速器机座零件为箱体类零件。

图 2-10　减速器机座零件

三、箱体类零件的视图选择

由于箱体零件结构复杂,加工工序方法较多,加工位置多有变化,在选择主视图时,主要是根据箱体零件的工作位置和形状特征原则综合考虑,通常需要三个到四个基本视图,且各视图之间应保持直接的投影关系,没表达清楚的地方再采用局部视图或局部断面图表示,并适当配以剖视、断面图等表达方法才能完整、清晰地表达它们的内外结构形状。局部外形还常用局部视图、斜视图和规定画法来表达。如图 2-11 阀体零件图,按阀体工作位置放置,沿轴线水平方向作主视图投影,共采用了两个基本视图,根据结构形状及表达范围的大小,采用了大范围的局部剖视来表达内外形状,左视图采用全剖视图(局部视图)来表达内部结构。其他视图选用了 *A—A* 剖视、*C—C* 局部剖视图、*B* 向视图和密封槽处的局部放大图。

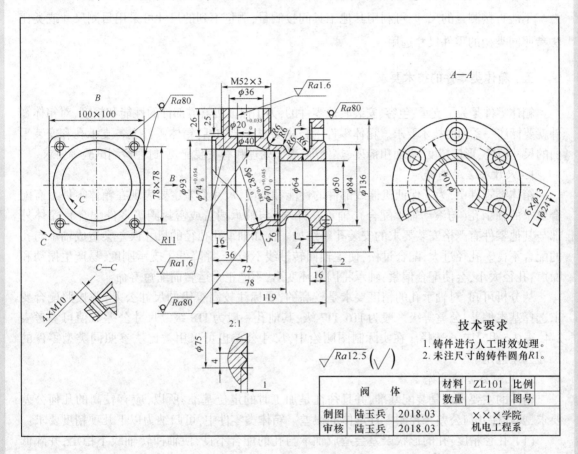

图 2-11　阀体零件图

四、箱体类零件的尺寸与测量

由于箱体类零件结构相对复杂,在标注尺寸时,确定各部分结构的定位尺寸尤其重要,因此首先要选择好长、宽、高方向尺寸基准。基准选择一般是以安装表面、主要支承孔轴线和主要端面作为长度和高度尺寸方向尺寸基准,具有对称结构的通常以对称面作为尺寸基准。当各结构的定位尺寸确定后,零件的定形尺寸才能确定。如图 2-11 所示阀体零件图中以泵体左端面作为长度方向尺寸基准,标注了 16、36、72、78、119 等主要结构尺寸,以主要支承孔轴线为径向尺寸基准,标注了 $\phi93$、$\phi74$、$S\phi82$、$\phi70$ 等径向尺寸,以关联尺寸 119 建立以左端面作为长度方向主要尺寸基准的右端面辅助,基准标注长度 16。

箱体类零件的测量方法应根据各部位的形状和精度要求来选择,对于一般要求的线性尺寸可直接用钢直尺或钢卷尺度量,如阀体的总长、总高和总宽等外形尺寸。对于泵体上的光孔和螺孔深度可用游标卡尺上的深度尺来测量。对于有配合要求的孔径如支承孔及其定位尺寸,要用游标卡尺或千分尺精确度量,以保证尺寸的准确、可靠。

工艺结构如退刀槽和越程槽、倒角和倒圆等,测出尺寸后还要按照规定标注方法标注,螺纹等标准件还要查表确定其标准尺寸。

不能直接测量的尺寸,可利用其他工具间接测量,测量不到的尺寸可采用目测尺寸或类比法参照同类型的零件尺寸选用。

五、箱体类零件的技术要求

箱体零件是为了支承、包容、安装其他零件的,为了保证机器或部件的性能和精度,对箱体零件就要标注一系列的技术要求。箱体零件的技术要求主要包括:箱体零件上各支承孔和安装平面的尺寸精度、形位精度、表面粗糙度、热处理、表面处理和有关装配、密封性检测试验等要求。

1. 尺寸公差的选择

箱体类零件中,为了保证机器或部件的性能和精度,尺寸公差主要表现在箱体零件上有配合要求的轴承孔(与滚动轴承配合)、轴承孔外端(与轴承端盖或密封圈等零件配合)、箱体外部与其他零件有严格安装要求的安装孔等结构。比如轴承孔孔径的尺寸误差会造成轴承与孔的配合不良。孔径过大,配合过松,使主轴回转轴线不稳定,并降低了支承刚度,易产生振动和噪声;孔径太小,会使配合偏紧,轴承将因外环变形,不能正常运转而缩短寿命。

从分析可知,对轴承孔的精度要求是较高的,要标注较高等级的尺寸公差,并按照配合要求选择基本偏差,公差等级一般为 IT6、IT7 级,其他孔一般为 IT8 级。尺寸公差数值可参考表2-4、表2-5 和表2-6 选择。在实际制图测绘中,尺寸公差也可采用类比法参照同类型零件的尺寸公差选用。

2. 几何公差的选择

箱体的主要平面是装配基准,并且往往是加工时的定位基准,所以,应有较高的几何公差要求,要标注几何公差来控制零件形体的误差。箱体类零件中,可归纳为以下几项精度要求:

(1) 孔径精度:孔的形状误差会造成轴承与孔的配合不良,使轴回转轴线不稳定,并降低支承刚度,易产生振动和噪声。装轴承的孔不圆,也会使轴承外环变形而引起主轴径向圆跳动。孔的形状精度一般控制在尺寸公差的 1/2 范围内即可。

(2) 孔与孔的位置精度:同一轴线上各孔的同轴度误差和孔端面对轴线的垂直度误差,会使轴和轴承装配到箱体内出现歪斜,从而造成轴径向圆跳动和轴向窜动,也加剧了轴承磨损。孔系之间的平行度误差,会影响齿轮的啮合质量。一般孔距公差为 ±0.025 ~ ±0.060 mm,而同一中心线上的支承孔的同轴度约为最小孔尺寸公差一半。

(3) 孔和平面的位置精度:主要孔对箱体安装基面的平行度,决定了轴与安装基面的相互位置关系。一般规定在垂直和水平两个方向上。

(4) 主要平面的精度:装配基面的平面度影响箱体与(其他)安装面连接时的接触刚度,加工过程中作为定位基面则会影响主要孔的加工精度。因此规定了底面和导向面必须平直,为了保证箱盖的密封性,防止工作时润滑油泄出,还规定了顶面的平面度要求,当大批量生产将其顶面用作定位基面时,对它的平面度要求还要提高。

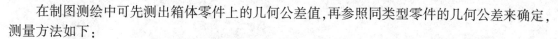

在制图测绘中可先测出箱体零件上的几何公差值,再参照同类型零件的几何公差来确定,测量方法如下:

(1) 箱体上支承孔的圆度或圆柱度误差,可采用千分尺测量,位置度误差可采用坐标测量装置测量。

(2) 箱体上孔与孔的同轴度误差,可采用千分表配合检验心轴测量。孔与孔的平行度误差,先采用游标卡尺(或量块、百分表)测出两检验心轴的两端尺寸后,再通过计算求得。

(3) 箱体上孔中心线与孔端面的垂直度误差,可采用塞尺和心轴配合测量,也可采用千分尺配合检验心轴测量。

各几何公差值大小可参考前述内容确定,在实际制图测绘时可参考同类零件运用类比的方法进行标注。

3. 表面粗糙度的选择

箱体的主要表面是装配平面或装配孔,并且这些表面往往是加工时的定位基准,所以和尺寸公差、几何公差相对应,应有较小的表面粗糙度值,否则直接影响箱体加工时的定位精度,同时影响箱体与轴承、密封件、机座装配时的接触刚度、配合精度、密封性和相互位置精度,也易使传动件(如齿轮)产生振动和噪声。在一般情况下,箱体主要平面的表面粗糙度参数值为 $Ra3.2$ 或 $Ra6.3$;支承孔的表面如精度要求较高表面粗糙度参数值可选为 $Ra1.6$,支承孔的表面如精度没有特殊要求,表面粗糙度参数值可选为 $Ra3.2$ 或 $Ra6.3$;其余表面都是铸造面,不作要求。具体零件表面的表面粗糙度确定原则和参数值大小选择可参见轴零件测绘有关测绘说明。在实际制图测绘时,可参考同类零件运用类比的方法确定测绘对象各表面具体的表面粗糙度的值。

4. 材料与热处理的选择

箱体零件可用类比法或检测法确定零件材料和热处理方法。箱体零件坯料多为铸、锻件,材料一般是灰铸铁,常用牌号为 HT100~400,一般不需要进行热处理,但重要的、作周期运动且受力较大的锻造件常用正火、调质、渗碳和表面淬火等热处理方法。在具体制图测绘时,箱体零件材料和热处理可用类比法确定,零件金属材料常见热处理方法可参看"附录四"。

第三篇

典型装配体（部件）制图测绘

第一节　齿轮油泵制图测绘

一、齿轮油泵的作用与工作原理

齿轮油泵(图 3-1)是各种机械润滑和液压系统的输油装置,是一种在供油系统中为机器提供润滑油的部件,主要用于低压或噪声水平限制不严的场合。一般机械的润滑泵以及非自吸式泵的辅助泵都采用齿轮油泵。从结构上看齿轮油泵可分为外啮合和内啮合两大类,其中以外啮合齿轮油泵应用更广泛。外啮合齿轮油泵一般由一对齿数相同的齿轮、传动轴、轴承、端盖和壳体组成,图 3-2 所示为齿轮油泵分解。外啮合齿轮油泵一般由 12～18 个零件组成,是常用的教学制图测绘对象。

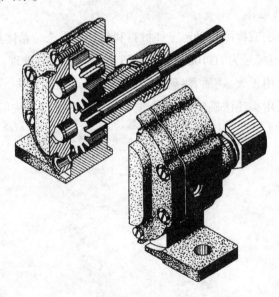

图 3-1　齿轮油泵

齿轮油泵工作原理:

当电动机带动主动齿轮轴逆时针方向转动时,传动齿轮将运动和动力通过键和主动齿轮轴传递给主动齿轮,主动齿轮又带动从动齿轮旋转,其啮合点(线)把齿轮、泵体和泵盖等形成的密封空间分为两个区域。当齿轮按图 3-3 所示方向旋转时,右侧油腔两齿轮的轮齿逐渐分离,容积逐渐增大,形成一定真空,在大气压力作用下,将油压入该油腔。被吸到齿间的油液,随着齿轮旋转而带到左侧油腔,在此腔中的齿轮是逐渐进入啮合,使密封工作空间逐渐缩小,油压升高,得到的压力油从出油口送到润滑部分。齿轮油泵盖上常带有一安全阀,如图 3-2 所示。调节螺塞用来调整弹簧的预压力,以压迫阀门(钢球),使出油口的油压保持正常的工作压力。当出油口压力突然升高超过许用值时,钢球被顶开,油流回到进油腔内,从而降低了出油口的压力,起安全作用。垫片用来调整齿轮的端面与泵盖之间的轴向间隙,一般轴向间隙控制在 0.03 ~ 0.04 mm ,使齿轮轴向不会受泵盖压紧,能自由旋转。由于间隙很小,不会使油腔与吸、油腔相通。垫片也起到泵体与泵盖之间的密封。

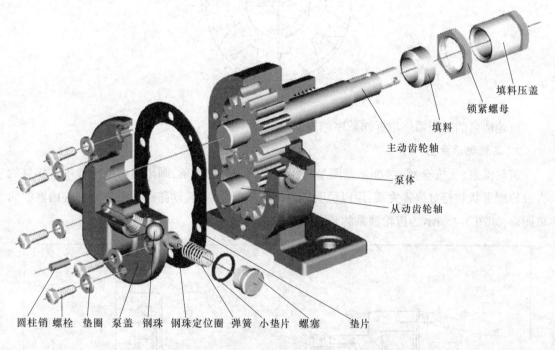

图 3-2　齿轮油泵分解图

二、齿轮油泵的拆卸顺序及装配示意图画法

1. 齿轮油泵的拆卸顺序

齿轮油泵拆卸顺序如下:

(1)从泵盖处拧下 6 个螺栓和垫圈,将泵盖从泵体上卸下来,并卸下密封垫片。

(2)从泵体中取出从动齿轮和从动轴(有的齿轮油泵从动齿轮和从动轴是一体的)。

(3)从泵体另一面拧下压盖螺母,取走填料压盖,抽出填料(石棉或石棉绳),将主动轴、主动齿轮从泵体腔中取出。

(4)泵体上有两个圆柱定位销,用于泵体与泵盖的连接定位,可不必卸下。

(5)如有安全阀,需拧下安全阀上的螺钉,取下垫圈、弹簧和钢球。

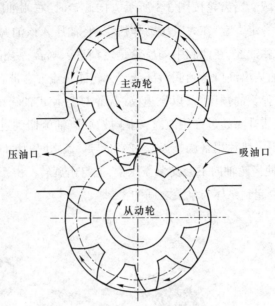

图 3-3　齿轮油泵工作原理图

齿轮油泵的装配顺序与拆卸顺序相反。

2. 画装配示意图

齿轮油泵(无安全阀)装配示意图是采用规定的符号和线条,画出组成装配体中各零件的大致轮廓形状和相对位置关系,用以说明零件之间装配关系、传动路线及工作原理等内容的简单图形,如图 3-4 所示为齿轮油泵的装配示意图。

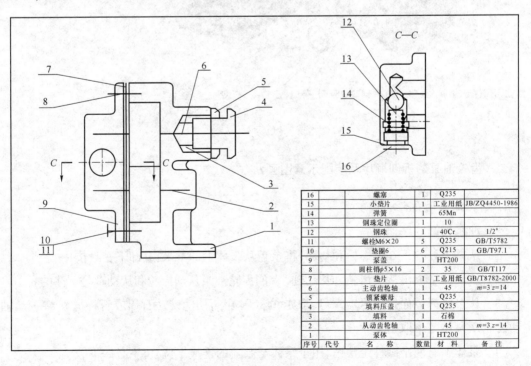

16		螺塞	1	Q235	
15		小垫片	1	工业用纸	JB/ZQ4450-1986
14		弹簧	1	65Mn	
13		钢珠定位圈	1	10	
12		钢珠	1	40Cr	1/2°
11		螺栓M6×20	5	Q235	GB/T5782
10		垫圈6	6	Q215	GB/T97.1
9		泵盖	1	HT200	
8		圆柱销φ5×16	2	35	GB/T117
7		垫片	1	工业用纸	GB/T8782-2000
6		主动齿轮轴	1	45	$m=3$ $z=14$
5		锁紧螺母	1	Q235	
4		填料压盖	1	Q235	
3		填料	1	石棉	
2		从动齿轮轴	1	45	$m=3$ $z=14$
1		泵体	1	HT200	
序号	代号	名　称	数量	材料	备　注

图 3-4　齿轮油泵装配示意图

画装配示意图时应注意以下几点：

（1）装配示意图作用是将装配体内外各主要零件的装配位置和配合关系全部反映出来，因此要表达完整。

（2）每个零件只画出大致轮廓或机构运动简图符号（附录一），标准件和常用件采用符号或规定画法表示，机构运动简图符号可参见"附录一"。

（3）装配示意图一般只画一到二个图形，并按投影关系配置。

（4）装配示意图应按照部件的装配顺序编出零件序号，并列表写出各零件名称、数量、材料等项目。

三、绘制齿轮油泵零件草图

1. 绘制齿轮油泵主、从动齿轮轴草图

1）主、从动齿轮轴的作用与结构特点

泵轴是齿轮油泵的主要零件，其作用是支承和连接轴上的零件，如齿轮、带轮、压盖、衬套等，使轴系零件具有确定的位置并传递运动和扭矩。此齿轮油泵的齿轮分度圆直径和轴连接位置处的轴径相差不大，故设计为齿轮轴。齿轮轴的结构特点是同轴回转体，通常主要由圆柱体、齿轮和螺纹等组成，在轴上加工有键槽、销孔等连接定位结构和越程槽、螺纹退刀槽、倒角等工艺结构。

齿轮轴的形状取决于轴系零件在齿轮轴上安装固定的位置，以及齿轮轴在泵体中的安装位置和齿轮轴在加工及装配中的工艺要求。

齿轮轴的长度尺寸主要取决于齿轮轴零件的尺寸和功能尺寸，齿轮轴的径向尺寸主要取决于对齿轮轴的强度和刚度的要求。

2）齿轮轴的草图画法

分析好齿轮轴的结构特点后，要根据齿轮轴画出零件草图，如图3-5、图3-6所示为齿轮油泵主动齿轮轴和从动齿轮轴的零件草图，画法如下：

（1）确定表达方案。根据齿轮轴的结构特点，通常选择一个以轴向位置（轴线为水平方向）投影的基本视图（即主视图），齿轮轴上的键槽、销孔可采用剖视图、移出断面图表达，如有中心孔可采用局部剖视图表达，退刀槽、倒角、倒圆等细小结构可采用局部放大图来表达。齿轮轴的草图应优先采用1:1比例。

（2）标注零件尺寸。零件草图画好以后，应标注尺寸。首先分析确定尺寸基准，齿轮轴的轴向尺寸基准一般选择以轴的定位端面（与齿轮的接触面，也称轴肩端面）为主要基准，根据结构和工艺要求，选择齿轮轴的两头端面为辅助基准。轴的径向尺寸（直径尺寸）是以中轴线为主要基准。

齿轮轴的尺寸测量方法可参见第一篇零部件的尺寸测量中有关内容。

齿轮测绘首先测出齿顶圆直径并数出齿轮的齿数，根据公式计算出齿轮的初始模数，查表选取最接近的标准值确定最终模数。螺纹、键槽等标准件尺寸测出之后，要查表选取最接近的标准值，并按照规定标注方法进行标注。工艺结构如螺纹退刀槽、砂轮越程槽、倒角、倒圆的尺寸要按照常见工艺结构标注方法进行标注或在技术要求中用文字说明，其他结构尺寸测量之后，其数值要进行圆整。

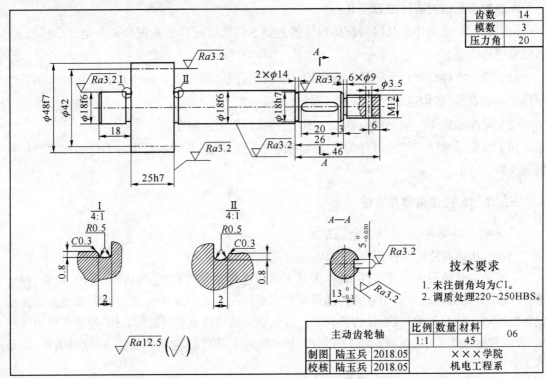

图 3-5　主动齿轮轴的零件草图

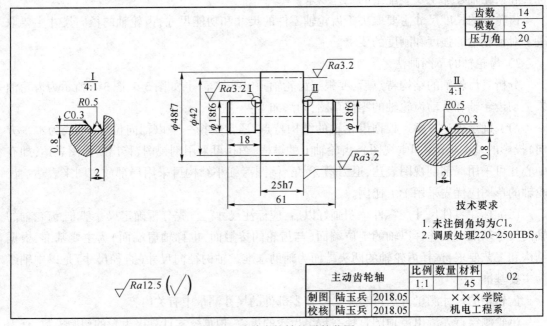

图 3-6　从动齿轮轴的零件草图

　　由于齿轮轴的很多结构尺寸精度要求较高,对这些结构的尺寸,要采用游标卡尺或千分尺测量。应注意轴与孔的配合尺寸,其基本尺寸应相同,各径向尺寸应与相配合零件的关联尺寸一致。具体测量方法参看第一篇中零部件的尺寸测量中有关内容。

(3)标注技术要求。泵轴的尺寸精度几何精度、表面质量要求直接关系到齿轮油泵的传动精度和工作性能,因此要标注相应的技术要求。

① 尺寸公差。主动轴、从动轴与泵体的配合属于间隙配合,一般选用 g6 或 h6,轴上的连接件如齿轮、带轮一般选用 k6 配合,其次还要标注键槽两工作面的尺寸公差,轴的尺寸公差和基本偏差数值选用可参阅"附录二十一""附录二十二"。其他尺寸公差均按未注公差处理。

② 几何公差。形状公差可由位置公差限定,不提出专门要求,其位置公差可选择各配合部分的轴线相对整体轴线有径向圆跳动要求,其公差值一般选 0.015 mm。轴的具体几何公差项目的选择可参考表 3-1,公差值可按尺寸公差值一半并参考标准值确定。

表 3-1　圆柱齿轮几何公差参考项目表

内容	项目	对工作性能的影响
形状公差	齿轮轴孔的圆度	影响传动零件与轴配合的松紧及对中性
	齿轮轴孔的圆柱度	
位置公差	以齿顶圆为测量基准时,齿顶圆的径向圆跳动	影响齿厚测量精度,并在切齿时产生相应的齿圈径向跳动误差
	基准端面对轴线的端面圆跳动	影响齿轮、轴承的定位及受载的均匀性
	键槽侧面对轴心线的对称度	影响键侧面受载的均匀性

③ 表面粗糙度。主动轴、从动轴与泵体的配合表面一般选用 Ra1.6~3.2,与齿轮的配合表面可选用 Ra3.2,轴的定位端面可选用 Ra3.2~6.3,键槽的工作面选用 Ra3.2,其余加工表面一般选择 Ra6.3~Ra12.5。

④ 材料与热处理。泵轴的材料一般采用 45 钢,加工成形后常采用调质处理,以增加材料的硬度,在技术要求中用文字说明,如:调质硬度 220~250HBS。

(4)填写标题栏。标题栏格式可参考有关零件图,要填写清楚、完整。

2. 绘制泵体和泵盖草图

1)泵体的作用与结构特点

泵体和泵盖是齿轮油泵的主要零件,由它将齿轮轴、压盖等零件组装在一块,起到支承包容作用,使它们具有正确的工作位置,从而达到所要求的运动关系和工作性能。

泵体和泵盖结构比较复杂,内外都有不同形状的工作结构,如内部有两个轴线平行的轴孔,用于安装轴和压盖,内腔用来装置两个啮合的齿轮,并设有进出两个油孔。泵体与泵盖的结合面上加工有六个螺孔和两个圆柱销孔用于定位连接。泵体下部是安装底板,加工有均布的螺栓孔,在泵体与底板的连接处有肋板结构。

2)泵体草图画法

图 3-7、图 3-8 所示为泵盖、泵体零件草图,其画法如下:

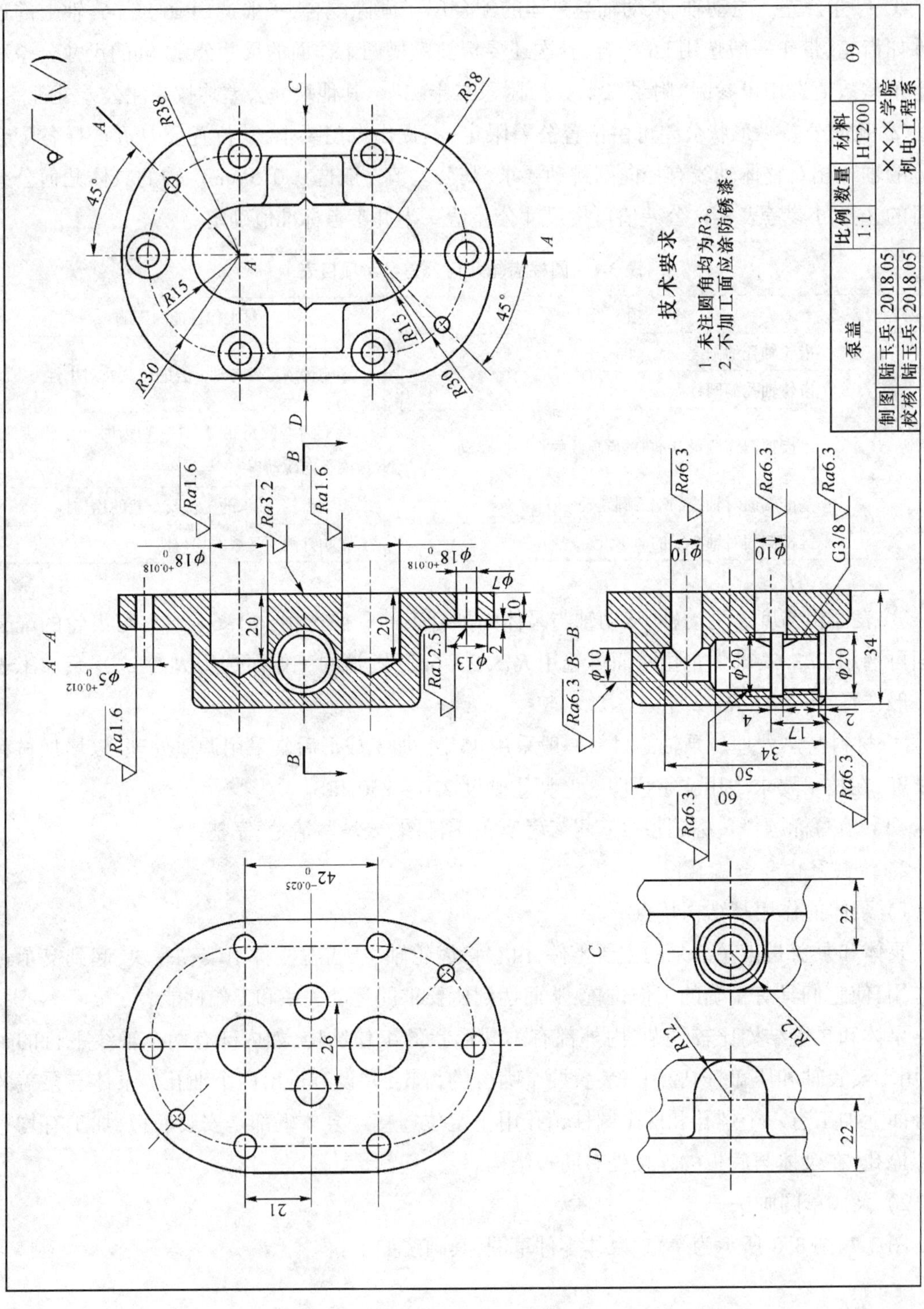
技术要求
1.未注圆角均为R3。
2.不加工面应涂防锈漆。
泵盖
比例 数量 材料
1:1 HT200
09
制图 陆玉兵 2018.05
校核 陆玉兵 2018.05
×××学院
机电工程系
A—A
B—B
C
D
R38
R30
R15
45°
R12
Ra1.6
Ra3.2
Ra6.3
Ra12.5
G3/8
φ10
φ20
φ13
φ7
20
34
17
50
60
22
26
21

图 3-7 泵盖零件草图

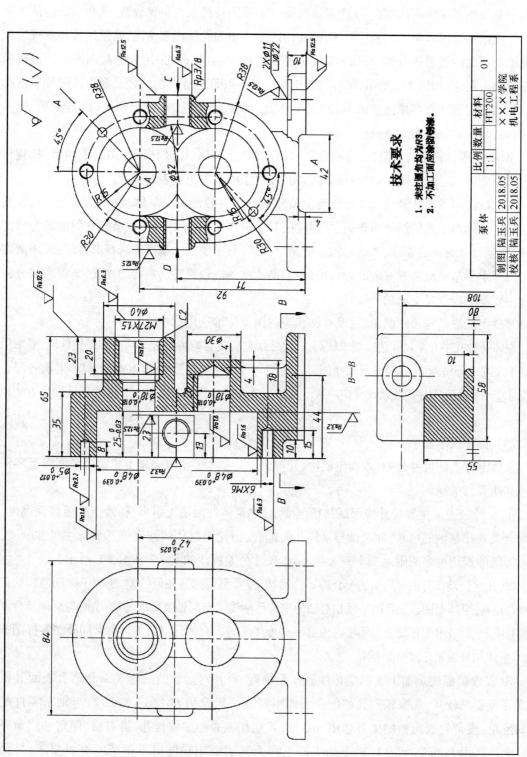

技术要求

1. 未注圆角均为R3。
2. 不加工面应涂底漆。

泵体			比例	数量	材料		01
			1:1		HT200	×××学院 机电工程系	
制图	陆玉兵	2018.05					
校核	陆玉兵	2018.05					

图 3-8 泵体零件草图

（1）确定表达方案。由于泵体、泵盖内外结构都比较复杂,因而表达方法也较复杂,通常齿轮油泵泵体零件图应选择2～3个基本视图。主视图按照工作位置放置,选择形状特征较明显的一面作为投影方向。为表达泵体、泵盖内腔及进出油孔的内部情况,常采用旋转剖视或较大范围的局部剖视表达方法,其他未表达清楚的内外结构可分别采用较小范围的局部剖视和局部视图来表达,如图3-8所示,泵体底板上的螺栓孔和底板底部的凹槽及螺栓孔的分布情况采用了局部剖视和局部视图。画草图时,零件上一些细小结构,如拔模斜度、铸造圆角、退刀槽、倒角、圆角等都要表达清楚。

泵体、泵盖是铸造件,零件上常有砂眼、气孔等铸造缺陷,以及长期使用造成的磨损、碰伤使得零件变形、缺损等,要正确分析形体结构,在草图中要纠正后表达清楚。

（2）标注零件尺寸。首先要分析确定尺寸基准。一般情况下泵体、泵盖长度方向尺寸基准应选择泵体与泵盖的结合面作为主要基准,对于泵体来说,泵体与压盖装配孔的端面为辅助基准;宽度尺寸方向的泵体、泵盖结构一般是对称的,其主要尺寸基准应选择对称面;泵体高度方向尺寸主要基准应选择安装底板的底面,辅助基准一般选择进出油孔的轴线,泵盖高度方向尺寸主要基准应选择主动轴孔轴线。

零件上标准结构尺寸测出后,要查阅相应的国家标准选用标准值。

泵体两轴孔中心距尺寸精度要求较高,其尺寸误差直接影响齿轮传动精度和工作性能,要采用游标卡尺或千分尺测量,然后进行尺寸圆整。凡轴与孔相互配合尺寸,其基本尺寸应相同,各圆直径尺寸应与相配合零件的关联尺寸应一致。具体测量方法参看第一篇零(部)件的尺寸测量方法相关内容。

（3）标注技术要求。

泵体零件上的尺寸公差、表面粗糙度、几何公差等技术要求可采用类比法参考同类型零件图或其他资料选择。

① 尺寸公差。主要尺寸应保证其精度要求,如泵体的两轴线距离、轴线至底板底面高度,有配合关系孔与轴的尺寸,如泵轴与泵体孔的配合,齿轮与泵体的配合等都要标注尺寸公差,公差等级的选用可参阅附录二十一选择,具体尺寸公差标注如图3-7和图3-8所示。

② 几何公差。有相对运动的配合的零件形状、位置都要标注几何公差,如为了保证两齿轮正确啮合运转,泵体上两齿轮孔的轴线相对轴的安装孔轴线应有同轴度要求,齿轮端面与泵体结合面有垂直度要求,进出油孔轴线与底板底面有平行度要求等。泵体几何公差可参阅同类型零件图选用,本泵体和泵盖无几何精度要求。

③ 表面粗糙度。加工表面应标注表面粗糙度,有相对运动的配合表面和结合表面其粗糙度等级要求较高,如泵轴与孔的配合表面粗糙度一般选用 $Ra1.6～Ra3.2$,与轴系零件配合如齿轮、皮带轮表面粗糙度可选用 $Ra3.2$,其他加工表面如螺栓孔、退刀槽、倒角和圆角等粗糙度可选用 $Ra6.3～Ra12.5$,不加工的毛坯面其表面粗糙度可不作精度等级要求,但要进行标注。

④ 材料与热处理。泵体铸造零件,一般采用HT200材料(200号灰铸铁),其毛坯应经过

时效热处理,这些内容可在技术要求中用文字注写。

3. 其他零件草图测绘

齿轮油泵其他各零件主要包括小垫片、螺塞、填料压盖、锁紧螺母、钢珠定位圈、弹簧、垫片等,其结构简单,学生可参考典型零件制图测绘内容自行完成,其视图表达、尺寸标注、技术要求等内容可参考同类零件完成。小垫片、螺塞、填料压盖、锁紧螺母、钢珠定位圈、弹簧、垫片零件草图见图3-9、图3-10、图3-11、图3-12、图3-13、图3-14和图3-15。

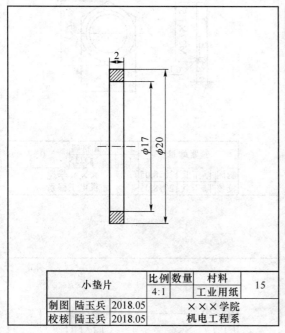

图 3-9　小垫片零件草图

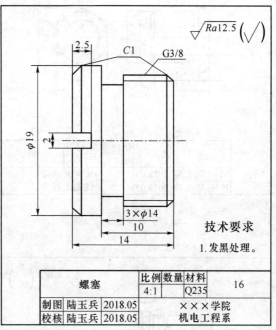

图 3-10　螺塞零件草图

四、齿轮油泵装配图画法

1. 齿轮油泵装配图的表达方案

图3-16为齿轮油泵的装配图。从图中看出,齿轮油泵选择了两个基本视图表达,按照工作位置放置,选择轴向方向作为主视图的投影方向,因为该投影方向能够较多得反映出齿轮油泵的形状特征和各零件的装配位置。主视图上通过两齿轮轴线采用全剖视方法,表达出齿轮油泵内部各零件之间相对位置、装配关系以及螺栓、圆柱销的连接情况。左视图采用沿泵体与泵盖结合面的剖切画法,表达出两齿轮的啮合情况及齿轮油泵的工作原理,同时也表达出螺栓和圆柱销沿泵体四壁的分布情况,并采用局部剖视图表达泵体上进出油孔的流通情况。

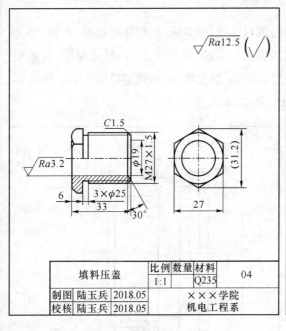

填料压盖	比例	数量	材料	04
	1:1		Q235	
制图	陆玉兵	2018.05	×××学院 机电工程系	
校核	陆玉兵	2018.05		

图 3-11　填料压盖零件草图

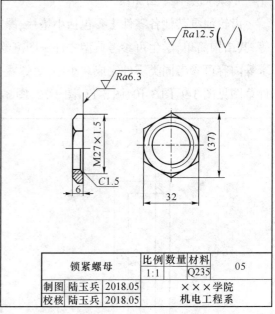

锁紧螺母	比例	数量	材料	05
	1:1		Q235	
制图	陆玉兵	2018.05	×××学院 机电工程系	
校核	陆玉兵	2018.05		

图 3-12　锁紧螺母零件草图

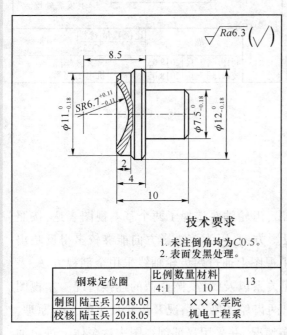

技术要求

1. 未注倒角均为C0.5。
2. 表面发黑处理。

钢珠定位圈	比例	数量	材料	13
	4:1		10	
制图	陆玉兵	2018.05	×××学院 机电工程系	
校核	陆玉兵	2018.05		

图 3-13　钢珠定位圈零件草图

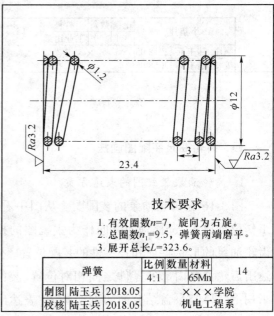

技术要求

1. 有效圈数$n=7$，旋向为右旋。
2. 总圈数$n_1=9.5$，弹簧两端磨平。
3. 展开总长$L=323.6$。

弹簧	比例	数量	材料	14
	4:1		65Mn	
制图	陆玉兵	2018.05	×××学院 机电工程系	
校核	陆玉兵	2018.05		

图 3-14　弹簧零件草图

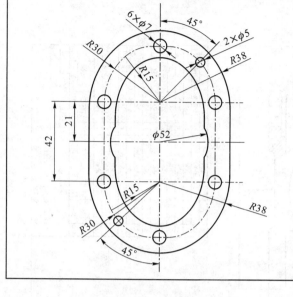

技术要求

1. 厚度为0.5。

垫片		比例	数量	材料	07
		1:1		工业用纸	
制图	陆玉兵	2018.05		×××学院	
校核	陆玉兵	2018.05		机电工程系	

图3-15　垫片零件草图

2. 齿轮油泵装配图画法步骤

（1）定比例、选图幅、布图。图形比例大小及图纸幅面大小应根据齿轮油泵的总体大小、复杂程度，同时还要考虑尺寸标注、序号和明细表所占的位置综合考虑来确定。视图布置是通过画各个视图的轴线、中心线、基准位置线来安排，并依次画主要零件或较大的零件（部分）轮廓线，如图3-17所示。

（2）根据齿轮油泵实物，参照零件草图运用的表达方法，画出泵体各视图的轮廓线，按照各零件的大小、相对位置和装配关系画出其他主要零件视图的轮廓，如图3-18所示。

（3）画出各连接件等局部结构完成全图，填充剖面线，画完视图之后，要进行检查修正，确定无误，如图3-19所示。

（4）按照图线的粗细要求和规格类型将图线描深加粗，标注尺寸，注写技术要求，编写零件序号，填写标题栏和明细表，完成齿轮油泵装配图，如图3-16所示。

3. 齿轮油泵装配图的尺寸标注

齿轮油泵装配图应标注以下尺寸：

（1）性能尺寸说明装配体的性能、规格大小尺寸，如图3-16中进出油口管螺纹孔尺寸$R_P3/8$和主动轴端螺纹M12等。

（2）装配尺寸。

① 配合尺寸。说明零件尺寸大小及配合性质的尺寸，如轴与泵体支承孔的配合尺寸$\phi18H7/f6$，齿轮与泵体孔的配合尺寸$\phi48H8/f7$等。

② 轴线的定位尺寸。如图3-16中标注的主动轴到底板底面高度92。

③ 两轴中心距。如图3-16中标注的两轴中心距42H8。

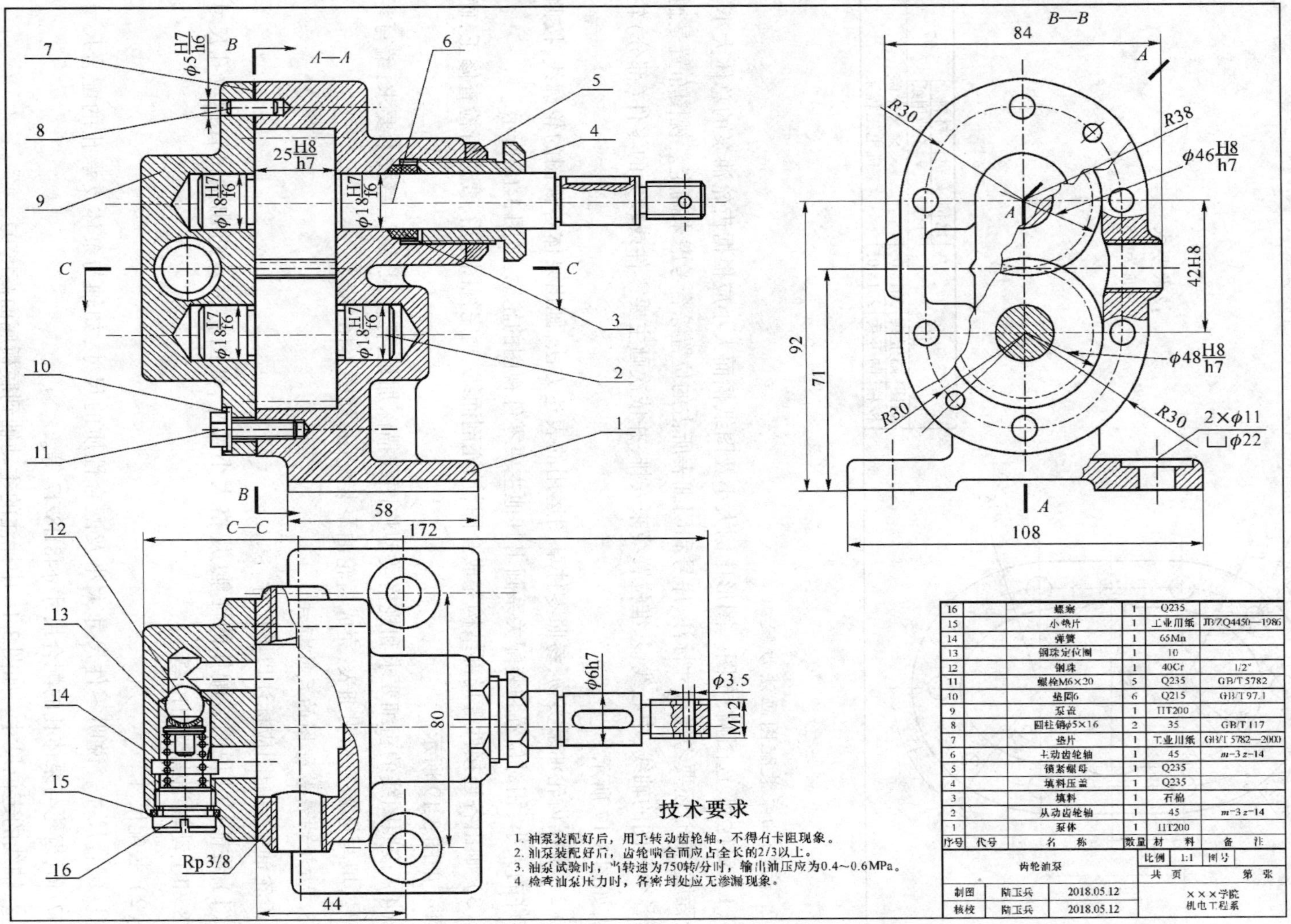

技术要求

1. 油泵装配好后，用手转动齿轮轴，不得有卡阻现象。
2. 油泵装配好后，齿轮啮合面应占全长的2/3以上。
3. 油泵试验时，当转速为750转/分时，输出油压应为0.4～0.6MPa。
4. 检查油泵压力时，各密封处应无渗漏现象。

序号	代号	名称	数量	材料	备注
16		螺塞	1	Q235	
15		小垫片	1	工业用纸	JB/ZQ4450—1986
14		弹簧	1	65Mn	
13		钢珠定位圈	1	10	
12		钢珠	1	40Cr	1/2"
11		螺栓M6×20	5	Q235	GB/T 5782
10		垫圈6	6	Q215	GB/T 97.1
9		泵盖	1	HT200	
8		圆柱销ϕ5×16	2	35	GB/T 117
7		垫片	1	工业用纸	GB/T 5782—2000
6		主动齿轮轴	1	45	m=3 z=14
5		锁紧螺母	1	Q235	
4		填料压盖	1	Q235	
3		填料	1	石棉	
2		从动齿轮轴	1	45	m=3 z=14
1		泵体	1	HT200	

齿轮油泵			比例	1:1	图号
			共 页		第 张
制图	陆玉兵	2018.05.12	×××学院 机电工程系		
核校	陆玉兵	2018.05.12			

图 3-16 齿轮油泵装配图

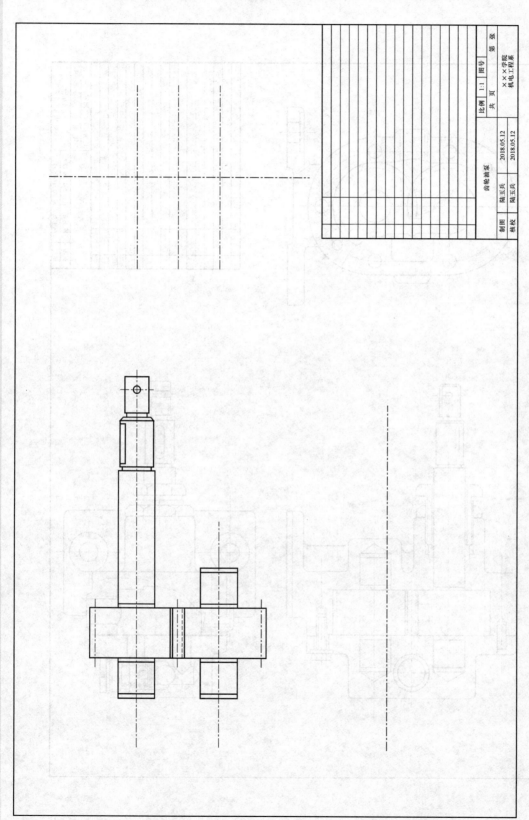

| 制图 | 陶玉兵 | 2018.05.12 | 齿轮油泵 | 比例 | 1:1 | 图号 | ×××学院 |
| 核校 | 陶玉兵 | 2018.05.12 | | 共　页 | 第　张 | | 机电工程系 |

图 3-17　齿轮油泵装配图图画法步骤（一）

65

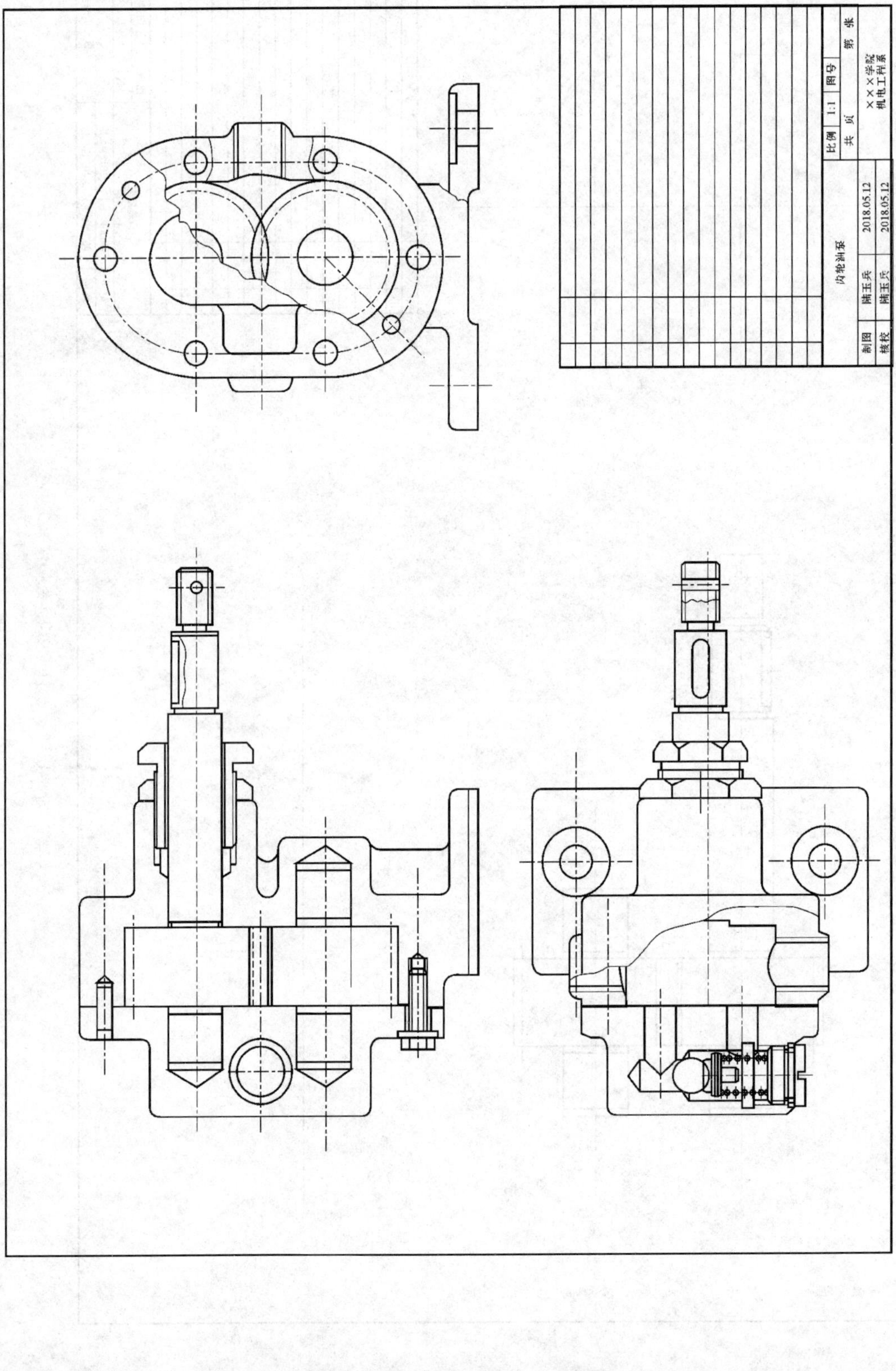

			比例	1:1	图号	第 张
			共 页			×××学院 机电工科系

内轮油泵

制图	简玉兵	2018.05.12
核校	简玉兵	2018.05.12

图 3-18　齿轮油泵装配图画法步骤（二）

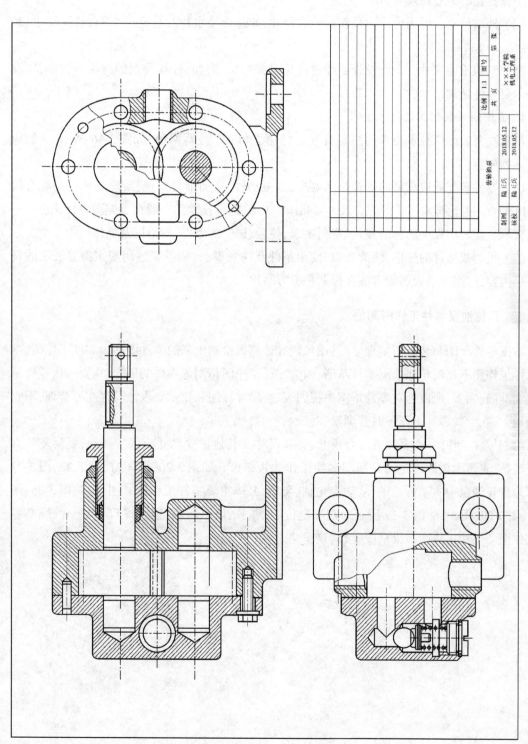

图 3-19 齿轮油泵装配图画法步骤（三）

（3）安装尺寸。说明将机器或部件安装到基座、机器上的安装定位尺寸,如齿轮油泵底板上两个螺栓孔的中心距尺寸 80。

（4）外形尺寸。说明齿轮油泵外形轮廓尺寸,如总长尺寸 172,总宽尺寸 84,总高尺寸 130（92 + $R38 = 130$）。

（5）其他重要尺寸。是指设计或经过计算得到的尺寸,如,计算得到的齿轮模数 m,以及一些主要零件结构尺寸。

4. 齿轮油泵装配图的技术要求

齿轮油泵装配图技术要求的注写有规定标注法和文字注写两种,如图 3-16 所示,一般应包括下列内容:

（1）零件装配后应满足的配合技术要求,如主动轴、从动轴与泵盖、泵座支承孔的配合尺寸 $\phi18H7/f6$,齿轮与泵体孔的配合尺寸 $\phi48H8/f7$ 等,这些技术要一般在装配图中标注。

（2）装配时应保证的润滑要求、密封要求,检验、试验的条件、规范以及操作要求。

（3）机器或部件的规格、性能参数,使用条件及注意事项,如不能运用规定符号表示的技术要求内容,可用文字说明的方法在标题栏上方写出。

五、齿轮油泵零件工作图画法

根据零件草图和装配图整理之后,用尺规或计算机绘制出来的零件图称为零件工作图,绘制零件工作图不是简单地抄画零件草图,因为零件工作图是制造零件的依据,它要求比零件草图更加准确、完善,所以针对零件草图中视图表达、尺寸标注和技术要求注写存在不合理、不完整的地方,在绘制零件工作图时要调整和修改。

绘制零件工作图中,要注意配合尺寸、关联尺寸及其他重要尺寸应保持一致,要反复认真检查校核,直至无误后齿轮油泵制图测绘工作才告结束。如图 3-20、图 3-21、图 3-22、图 3-23 所示为齿轮油泵中主动齿轮轴、从动齿轮轴、泵盖、泵体主要零件工作图。图 3-24、图 3-25、图 3-26、图 3-27、图 3-28、图 3-29 所示为钢珠定位圈、弹簧、填料压盖、锁紧螺母、小垫片、螺塞零件工作图。垫片工作图参见草图 3-15,这里略。

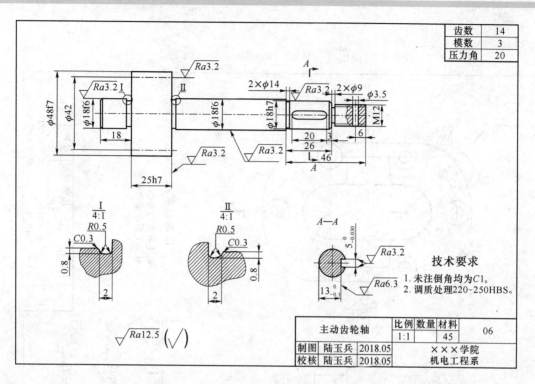

齿数	14
模数	3
压力角	20

技术要求

1. 未注倒角均为C1。
2. 调质处理220~250HBS。

主动齿轮轴	比例	数量	材料	06
	1:1		45	
制图	陆玉兵	2018.05	×××学院	
校核	陆玉兵	2018.05	机电工程系	

图 3-20 主动齿轮轴零件工作图

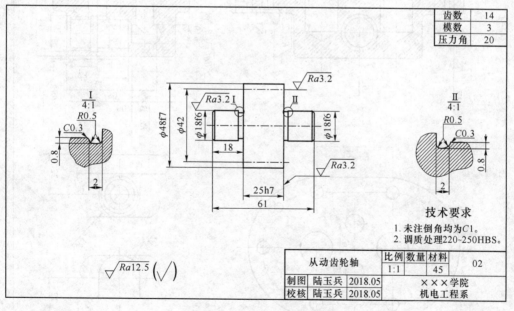

齿数	14
模数	3
压力角	20

技术要求

1. 未注倒角均为C1。
2. 调质处理220~250HBS。

从动齿轮轴	比例	数量	材料	02
	1:1		45	
制图	陆玉兵	2018.05	×××学院	
校核	陆玉兵	2018.05	机电工程系	

图 3-21 从动齿轮轴工作图

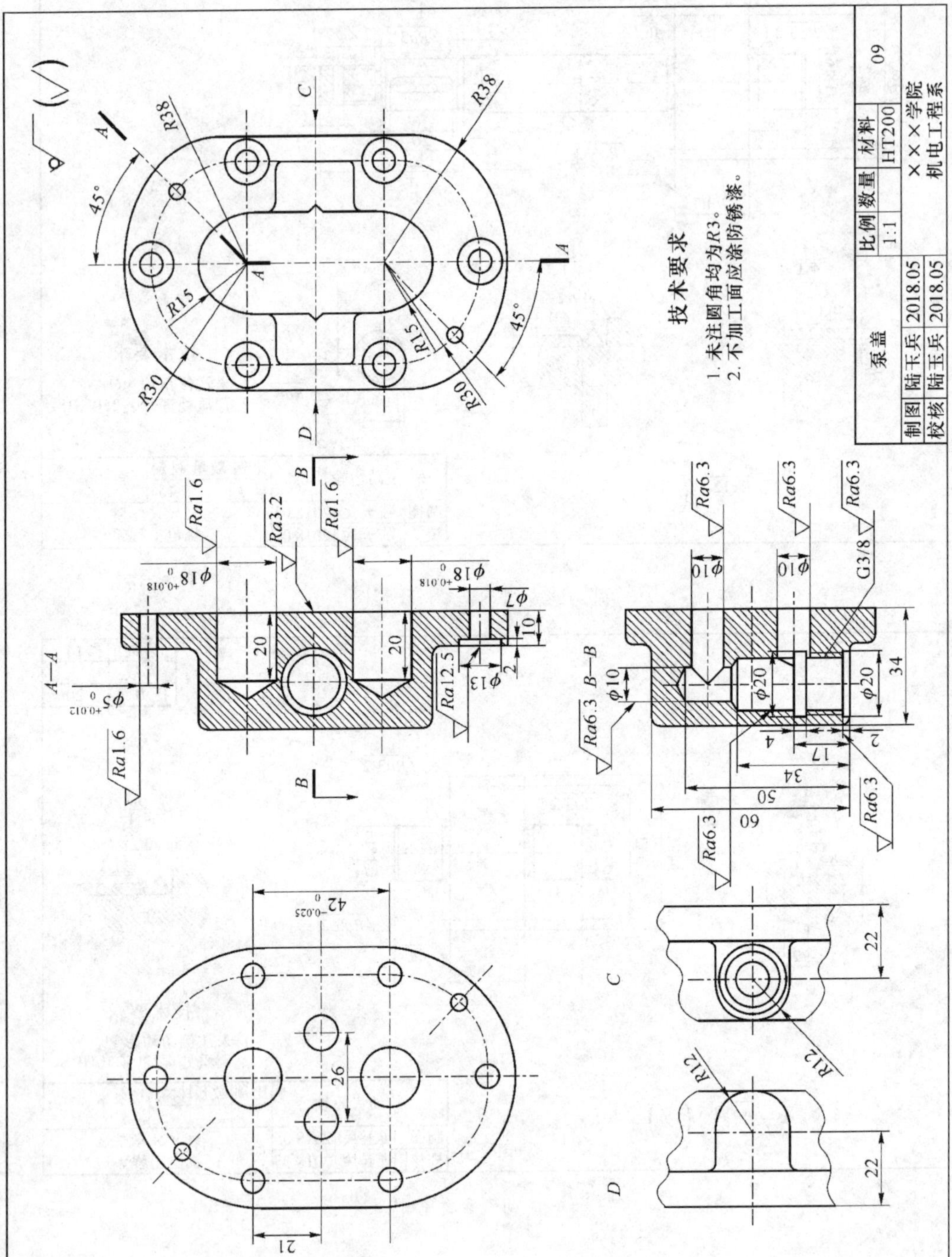

图 3-22 泵盖零件工作图

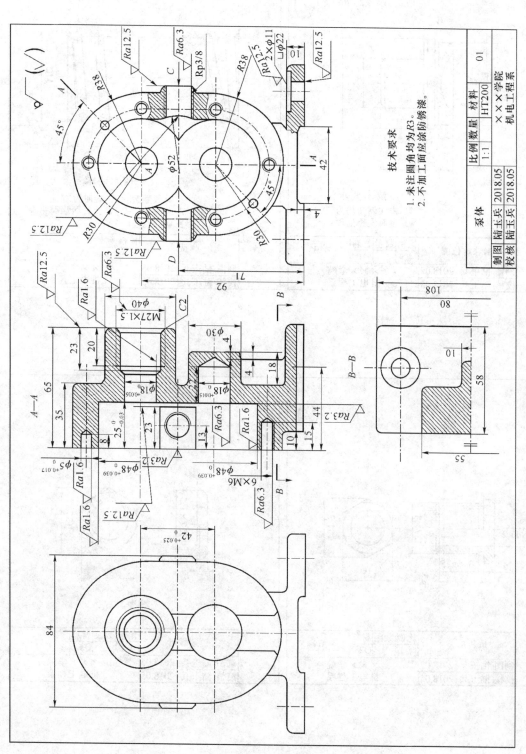

图 3-23 泵体零件工作图

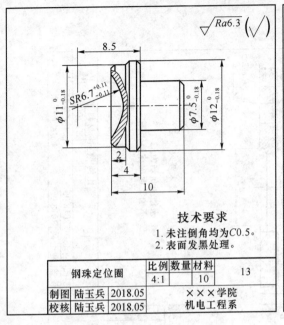

技术要求
1. 未注倒角均为C0.5。
2. 表面发黑处理。

钢珠定位圈	比例	数量	材料	13
	4:1	10		
制图	陆玉兵	2018.05	×××学院 机电工程系	
校核	陆玉兵	2018.05		

图 3-24 钢珠定位圈零件工作图

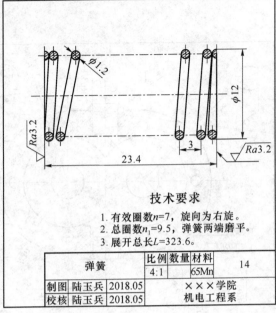

技术要求
1. 有效圈数n=7，旋向为右旋。
2. 总圈数n_1=9.5，弹簧两端磨平。
3. 展开总长L=323.6。

弹簧	比例	数量	材料	14
	4:1		65Mn	
制图	陆玉兵	2018.05	×××学院 机电工程系	
校核	陆玉兵	2018.05		

图 3-25 弹簧零件工作图

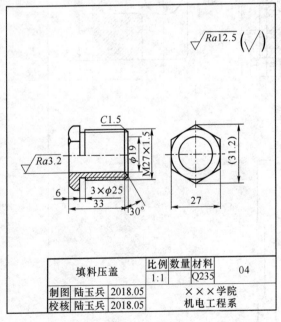

填料压盖	比例	数量	材料	04
	1:1		Q235	
制图	陆玉兵	2018.05	×××学院 机电工程系	
校核	陆玉兵	2018.05		

图 3-26 填料压盖零件工作图

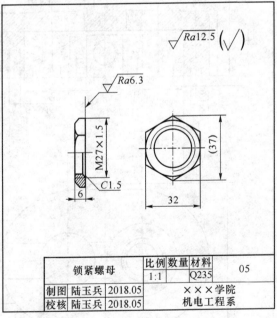

锁紧螺母	比例	数量	材料	05
	1:1		Q235	
制图	陆玉兵	2018.05	×××学院 机电工程系	
校核	陆玉兵	2018.05		

图 3-27 锁紧螺母零件工作图

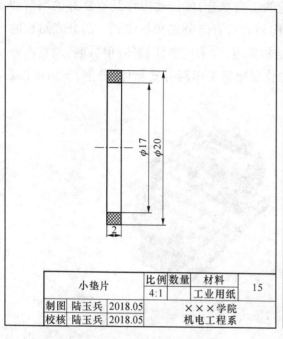

图 3-28　小垫片零件工作图

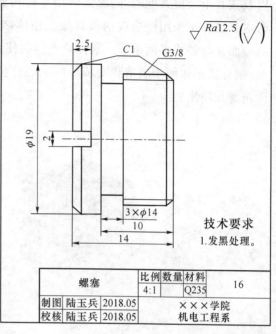

图 3-29　螺塞零件工作图

第二节　减速器制图测绘

一、减速器的作用与工作原理

　　减速器是介于原动机和工作机之间的一种机械传动装置,用以改变转速和转矩(主要是用来降低运动转速)。常用的减速器已经标准化和规格化,用户可根据各自的工作条件进行选择。

　　减速器的类型很多,一般按传动件可分为圆柱齿轮减速器(轮齿有直齿、斜齿或人字齿等)、圆锥齿轮减速器(轮齿有直齿、斜齿、螺旋齿等)、蜗杆蜗轮减速器(蜗杆上置式或下置式)和行星齿轮减速器等;按传动的级数不同,可分为单级、双级和多级减速器;按轴在空间的相对位置不同,可分为卧式和立式减速器,其中一级圆柱齿轮减速器是最简单的一种,用途较为广泛。减速器是一种专用部件,已经标准化、通用化,如图 3-30 所示为一级圆柱齿轮减速器。它的工作原理是由电动机通过皮带轮带动主动小齿轮轴(输入轴)转动,再由小齿轮带动从动轴上的大齿轮转动,将动力传递到大齿轮轴(输出轴),以实现减速的目的。主动轴与被动轴两端均由滚动轴承支承,工作时采用飞溅润滑,改善了工作情况。垫片、挡油环、填料是为了防止润滑油渗漏和灰尘进入轴承。支承环是防止大齿轮轴向窜动;调整环是调整两轴的轴向间隙。减速器机体、机盖用销定位,并用螺栓紧固。机盖顶部有观察孔,机体有放油孔。

　　由于减速器包括了齿轮、轴、轴承、键连接、螺纹连接等通用件和标准件,还有减速器的箱座、箱盖等一些较复杂的零件,是比较典型的制图测绘部件,因此在机械部件制图测绘中常用到减速器作为制图测绘实例。箱体是减速器的主要零件,它用来支承和固定轴系零件以及在其上装设其他附件,保证传动零件齿轮的正确啮合,使传动零件具有良好的润滑和密封。箱体可采用铸造或钢板焊接。箱体结构型式可有剖分式和整体式。剖分式结构的剖分面常与轴线平面重合。蜗杆减速器为使结构紧凑,常采用整体箱体,但拆装、调整不方便;剖分式箱体便于制造和安装。单级圆柱齿轮减速器采用剖分式箱体,分上、下箱体(或称箱盖和箱座)。

图 3-30　圆柱齿轮减速器

二、齿轮减速器的拆卸顺序及装配示意图

1. 齿轮减速器的拆卸顺序

拆卸齿轮减速器首先要了解它们的基本结构,其基本结构包括传动零件(如齿轮、蜗轮蜗杆),连接零件(如螺栓、键、销),支承零件(如箱体、箱盖)及润滑和密封装置等。

减速器的箱体、箱盖是由几个螺栓连接,先拆下螺栓,将箱盖拿走,里面所有的包容零件便展现出来。再从外向里拆卸两根轴及轴系零件,即可完成拆卸工作。装配时把拆卸顺序倒过来即可。拆卸时应注意以下几点:

(1) 要周密制订拆卸顺序,划分部件的组成部分,以便按组成部分,分类、分组列零件清单(明细表)。如减速器,应按上下箱体及其附件、上下箱体连接件、两轴系零件这三大部分划分。

(2) 要合理选用拆卸工具和拆卸方法,按一定顺序拆卸,严防乱敲打,硬撬拉,避免损坏零件。

(3) 对精度较高的配合,在不致影响画图和确定尺寸、技术要求的前提下,应尽量不拆或少拆(如大齿轮与从动轴的键连接处可不拆),以免降低精度或损伤零件。

(4) 拆下的零件要分类、分组,并对零件进行编号登记,列出的零件明细表应注明零件序号、名称、类别、数量、材料,如系标准件应及时测主要尺寸查有关标准定标记,并注明国标号,如系齿轮应注明模数 m、齿数 z。

(5) 拆下的零件,应指定专人负责保管。一般零件、常用件是制图测绘对象,标准件定标记后应妥善保管,防止丢失。避免零件间的碰撞受损或生锈。

(6) 记下拆卸顺序,以便按相反顺序复装。

(7) 仔细查点和复核零件种类和数量。单级齿轮减速器零件种类数量一般在 30 ~ 40 之间,应在老师指导下对零件统一命名,以免造成混乱。

（8）拆卸中要认真研究每个零件的作用、结构特点及零件间装配关系或连接关系,正确判断配合性质、尺寸精度和加工要求,为画零件图、装配图创造条件。

2. 画装配示意图

为了能够说明齿轮减速器的工作原理,并使减速器拆开后能装配复原,并且作为绘制装配工作图的依据,所以要画装配示意图。装配示意图是以简单的线条和国标规定的简图符号,以示意方法表示每个零件位置、装配关系和部件工作情况的记录性图样。画装配示意图应注意以下几点:

（1）对零件的表达通常不受前后层次的限制,尽可能将所有零件集中在一个视图上表达。如仅仅用一个视图难以表达清楚时,也可补充其他视图。

（2）图形画好后,应将零件编号或写出零件名称,凡是标准件应定准标志。

（3）制图测绘较复杂的部件时,必须画装配示意图。此次制图测绘,如经指导老师统一批准,也可不画装配示意图,而以装配草图取代。单级齿轮减速器装配示意图,如图 3-31 所示。示意图明细表见下页。

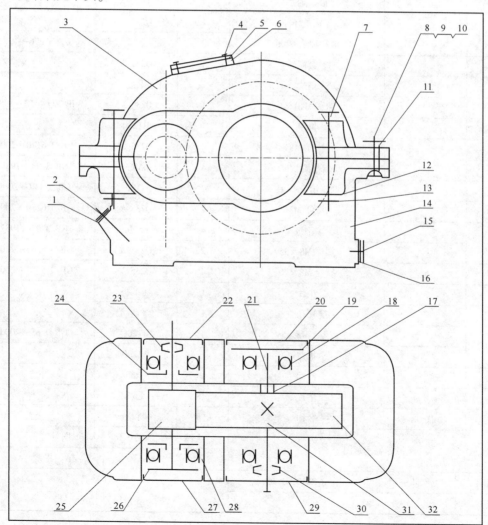

图 3-31　圆柱齿轮减速器装配示意图

圆柱齿轮减速器零部件明细表

序号	代号	名称	数量	材料	备注
32		齿轮	1	45	$m=2, z=55$
31		键 A10×22	1		GB/T 1096—1979
30		毡圈 30	1	毛毡	JB/ZQ 4606—1986
29		嵌入端盖	1	HT150	
28		滚动轴承 6204	2		GB/T 276—1994
27		嵌入端盖	1	HT150	
26		调整环	1	Q235-A	
25		齿轮轴	1	45	$m=2, z=15$
24		挡油环	2	Q235-A	
23		毡圈 20	1	毛毡	JB/ZQ 4606—1986
22		嵌入端盖	1	HT150	
21		轴	1	45	
20		嵌入端盖	1	HT150	
19		调整环	1	Q235-A	
18		滚动轴承 6206	2		GB/T 276—1994
17		套筒	1	Q235-A	
16		垫片	1	毛毡	
15		油塞 M10×1	1	Q235-A	JB/ZQ 4450—1986
14		机座	1	HT200	
13		螺母 M8	2	Q235-A	GB/T 6170—2000
12		垫圈 8	4	65Mn	GB/T 93—1987
11		圆锥销 A3×18	2	45	GB/T 117—2000
10		螺母 M8	2	Q235-A	GB/T 6170—2000
9		垫圈 8	4	65Mn	GB/T 93—1987
8		螺栓 M8×35	2	Q235-A	GB/T 5782—2000
7		螺栓 M8×70	4	Q235-A	GB/T 5782—2000
6		垫片	1	压纸板	
5		窥视孔盖	1	有机玻璃	
4		螺钉 M3×5	4	HT200	GB/T 65—2000
3		机盖	1	HT200	
2		油标	1	Q235	
1		垫片	1	毛毡	
序号	代号	名称	数量	材料	备注

减速器示意图	比例	1∶1	图号	
	共 张		第 张	
制图 陆玉兵 2017.01.05	（系名）			
审核	（班级）	（学号）		

3. 减速器主要零部件及其结构简介

（1）窥视孔和窥视孔盖：窥视孔是为了观察传动件齿轮的啮合情况、润滑状态而设置的，也可由此注入润滑油。一般将窥视孔开在箱盖顶部（为减少油中杂质可在孔口装一滤油网）。为了减少加工面，窥视孔口处应设置凸台（上表面为加工面）。窥视孔平时用窥视孔盖盖住，下面垫有纸质封油垫，以防漏油。窥视孔盖常用钢板或铸件制成，用一组螺钉与箱盖连接。

（2）通气塞：由于传动件工作时产生热量使箱体内温度升高，压力增大，所以必须采用通气塞沟通箱体内外的气流，以平衡内外气压。故通气塞内一般制成轴向和径向垂直贯通的孔，既保证内外通气，又不致使灰尘进入箱内。采用减速器模型的机械制图测绘该装置省略。

（3）起吊装置或结构：起吊装置通常有吊环螺钉、吊耳和吊钩，用于减速器的拆卸和搬运。为保证吊运安全，吊环螺钉拧入螺孔的旋合长度不能太短。采用减速器模型的制图测绘的减速器采用的是教学用减速器，没有吊钩（即在箱盖上直接铸出吊钩（弯钩形结构），吊钩一般只限吊装箱盖用）。为了吊运整台减速器，减速器在箱座两端凸缘下面铸出吊耳。

（4）油标：油标用来指示油面高度，设置在便于检查及油面较稳定之处。油标结构形式多样，其中以油标尺为最简单，其上有刻线，用以测知油面是否在最高、最低油面限度之内。

（5）油塞和排油孔：为将箱内的废油排出，在箱座底面的最低处设置有排油孔，箱座的内底面也常做成向排油孔方向倾斜的平面，以使废油能排除彻底。平时排油孔用油塞加密封垫拧紧封住。为保证密封性，油塞一般采用细牙螺纹。

（6）定位销：为保证箱体轴承座孔在合箱后镗孔加工精度和装配精度，在上下箱体连接凸缘处，安置两个圆锥销定位，并尽量放在不对称的位置，以确保定位精度。

（7）上下箱体连接用螺栓：螺栓应有足够长度，箱体结构应确保螺栓拆装时扳手的活动空间。

4. 轴系零件

1）主动轴系零件

（1）主动齿轮轴：因齿轮径向尺寸较小，为便于加工制造，可将其与轴制成一体。齿轮轴上轮齿部分应按传动比要求作精确计算。齿轮轴的各段轴径和长度由轴上零件形状、尺寸和相对位置来决定。轴上常有倒角、圆角、轴肩、退刀槽、键槽等结构。这些标准化结构，测出尺寸后应查相应标准复核后标注，并正确图示。

（2）滚动轴承：直齿圆柱齿轮啮合传动，无轴向力作用，一般采用一对向心球轴承。在装配图上可采用规定画法，通用画法或特征画法。滚动轴承内圈与轴颈采用基孔制，外圈与轴承座孔采用基轴制。

（3）挡油环：因大齿轮采用浸油润滑，通过大齿轮激溅作用使与小齿轮啮合得到润滑；而滚动轴承通常采用脂润滑，为避免油池中的润滑油被溅至滚动轴承内稀释润滑脂，降低润滑效果,故在轴承内侧加一挡油环。挡油环在轴向定位下,与主动齿轮轴及轴承内圈一起旋转。

(4) 调整环:为轴上零件的轴向定位和调整滚动轴承的轴向间隙而设置。调整环的一端面与轴承端盖凸缘接触,另一端面与轴承外圈端面应有合适间隙。可通过加减调整垫片,调整轴承的轴向间隙。

(5) 透盖:主动齿轮轴的动力输入端应伸出箱外,以便与原动机相接(一般通过带传动),故此处的轴承端盖应制成透盖,透盖加调整垫片后用一组螺钉连接在上、下箱体上。为保证滚动轴承的轴向定位,透盖的内侧凸缘应与调整环端面接触,调整环端面与滚动轴承外圈端面应有合适间隙。透盖的环槽内用毡圈(浸油后装入)密封,以防灰尘侵入磨损轴承。亦可加密封盖,在密封盖与透盖间制槽装入毡圈来密封。

(6) 闷盖:主动齿轮轴的末端设置的轴承端盖为闷盖,闷盖与箱体接触处也设有调整垫片,用一组螺钉连接在上、下箱体上。

2) 从动轴系零件

(1) 大齿轮:大齿轮的结构形式可分为实体式、辐板式、辐条式等。闭式传动多采用辐板式,常在辐板上设有均布的减轻孔(或槽)。齿轮在轮毂处有轴向贯通的键槽,用键与从动轴实现周向连接,从而将运动和动力传给从动轴。

(2) 从动轴:从动轴的各段直径及其轴向长度,根据轴上零件的结构形状大小和相对位置来决定。其上常有倒角、圆角、轴环、轴肩、退刀槽、键槽、中心孔等结构。

(3) 滚动轴承:采用一对深沟球轴承。配合基准制,同主动轴系的滚动轴承。如系斜齿圆柱齿轮传动,应采用圆锥滚子轴承,并且两轴承的锥向应按反向安装。

(4) 定位套筒:由于轴向定位和拆装的需要,大齿轮端面一侧以轴环定位,另一侧则以套筒定位,定位套筒的一侧与滚动轴承内圈接触。

(5) 调整环:为轴向定位和调整轴承轴向间隙所设,调整环的一端面与轴承外圈端面留有合适间隙,调整环的另一端面与轴承端盖凸缘接触;可通过加减调整垫片,调整轴承的轴向间隙。

(6) 透盖与闷盖:其结构、连接、密封、定位均与主动轴系的透盖、闷盖相同,只是尺寸大小不同。

三、减速器零件草图制图测绘

画零件草图的步骤大致可分为以下几步:

(1) 了解分析零件,即在拆前、拆中初步了解分析零件基础上,具体画某一零件时,应进一步认清零件的名称、功用以及它在部件中的位置和装配、连接关系;

(2) 明确零件的材料、牌号;

(3) 对零件进行结构分析,凡属标准结构要素应测后查有关标准,取标准尺寸;

(4) 对零件进行工艺分析,分析具体制造方法和加工要求,以便综合设计要求和工艺要求,较合理地确定尺寸公差、几何公差、表面粗糙度和热处理等一系列技术要求。其中最主要的是要会区分加工面与非加工面;接触面与非接触面;配合面与非配合面以及配合的基准制、配合种类和公差等级的高、低取向,表面粗糙度参数值的高、低取向。

1. 机体的草图制图测绘

1）减速器机体的作用与结构特点

机体是减速器的一个重要零件,它的作用是:支承和固定轴及轴系零件,保证齿轮的正确啮合达到最佳传动效果,并使机体内的零件具有良好的润滑和密封性能。

减速器箱体是剖分式结构,上半部分是机盖,下半部分是机体,在机体的结合面上均匀布置有若干个螺栓孔和销孔,起到与机盖的连接定位作用。箱壁上加工有对称的两对轴承孔（与机盖轴承孔配合）,轴承孔里有密封沟槽。

减速器的齿轮采用浸油润滑,机体下部（机体）为存放机油的油池,从动齿轮的轮齿浸泡在机油中,起到润滑作用。在机体端头的下方设计有测油孔,利用油标尺测量控制机油的油量,在另一端头下方设计有放油孔。

机体的左右两边各有钩状的吊耳,作为吊装运输用。

2）机体上的典型结构

（1）加强肋:在机盖和机体的轴承座处,因对轴和轴承起支承作用,故此处应有足够的刚度,一般要有加强肋。加强肋可分为内肋、外肋两种形式,内肋刚度大,但阻碍润滑油滚动,且铸造工艺复杂,故一般采用外肋。

（2）机体凸缘:为保证机盖和机体的连接刚度,其连接部分应有较厚的连接凸缘,上面钻有螺栓孔和定位销孔。

（3）凸台或凹坑:为减少加工面,螺栓连接处,螺栓孔都制成凸台或凹坑。机体高度应保证拧动螺母所需的足够扳手空间。

（4）机体内腔空间:机体的内尺寸由轴系零件排布空间来决定。为保证润滑和散热的需要,箱内应有足够的润滑油量和深度。为避免油搅动时沉渣泛起,一般大齿轮齿顶到油池底面的距离不得小于 30 ~ 35 mm。

（5）油沟:当滚动轴承采用脂润滑时,为了提高机体的密封性,有时在机体的剖分面上制出回油沟,以使飞溅的润滑油能通过回油沟和回油道流回油池。本减速器为教学用减速器模型,在机体和机盖内未制出回油沟。

（6）机体结构工艺性:机体壁厚应尽量均匀,壁厚变化处应有过渡斜度,应有拔模斜度和铸造圆角。

（7）机体机加工结构工艺性:机体的轴承座外端面、螺栓孔、油标和放油塞等结合处为加工面,均应有凸台或凹坑,以减少加工面,增大接触面。

3）机体的草图画法

减速器机体零件草图画法（由于草图图片不清楚,此草图为 CAD 绘图）见图 3-32 所示,画法如下:

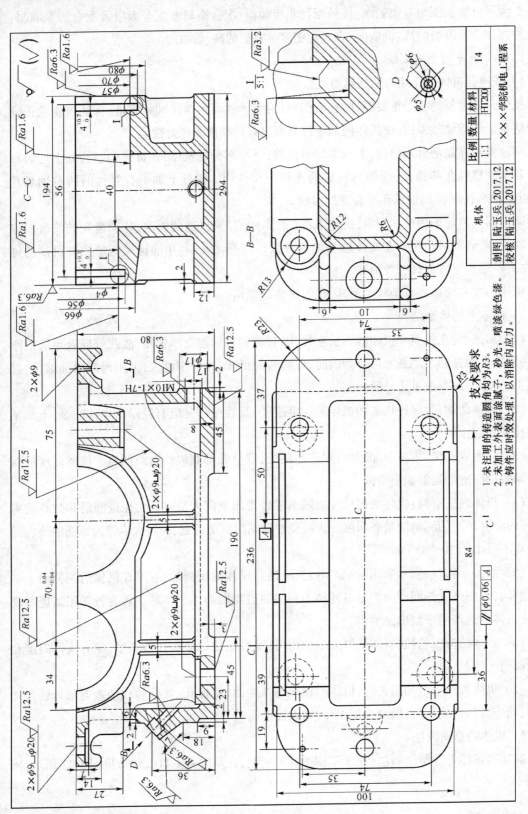

图 3-32　减速器机体零件草图

（1）确定表达方案。由于机体内外结构都比较复杂，因而表达方法也较复杂，通常齿轮减速器机体零件图应选择三个基本视图。主视图的选择应按照齿轮减速器工作位置放置，选择形体特征较明显的一面作为投影方向。为表达机体的内部结构情况同时又保留外部形状，故采用了几个局部剖视表达方法。俯视图采用了沿机体结合面投影的表达方法，表达出轴系各零件的装配位置，以及在结合面上的螺栓孔和销孔的分布情况。左视图采用沿主动轴孔轴线、机体内腔、从动轴孔轴线不同位置剖切的阶梯剖视表达方法，未能表达清楚的内外细部结构可分别采用较小范围的局部剖视和局部视图来表达，如油标孔、放油孔内部结构及其端面形状。画草图时，零件上一些细小结构，如铸造圆角、拔模斜度、倒角等都要表达清楚。

齿轮减速器机体是铸造零件，零件上常有砂眼、气孔等铸造缺陷，以及长期使用后造成的磨损、碰伤使得零件变形、缺损等，画草图时要修正恢复原形后表达清楚。

（2）标注零件尺寸。机体的尺寸较多，首先要分析确定各个方向的尺寸基准。一般情况下机体的长度方向尺寸基准应选择主动轴或从动轴的轴线为主要基准；宽度尺寸方向的机体结构一般是对称的，其主要尺寸基准应选择机体的对称面；高度方向尺寸主要基准应选择机体安装底板的底面，辅助基准一般选择轴线。

零件上标准结构尺寸要按照规定方法标注，测出后的尺寸，如螺纹、销孔尺寸还要查阅相应的国家标准选用标准值。

机体两轴孔中心距尺寸精度要求较高，其尺寸误差直接影响齿轮传动精度和工作性能，要采用游标卡尺或千分尺测量。凡轴与孔的配合尺寸，其基本尺寸应相同，各径向尺寸应与相配合零件的关联尺寸一致。

（3）标注技术要求。机体零件上的尺寸公差、表面粗糙度、几何公差等技术要求可采用类比法参考同类型零件图选择。轴承孔和接触面粗加工后进行时效处理，对装输入轴和输出轴的轴孔的技术要求如下：

① 尺寸公差。主要尺寸应保证其精度，如机体的两轴线距离、轴线至底板底面高度，有配合关系轴孔的尺寸都要标注尺寸公差，各轴承孔的配合精度可选 7 级精度。公差数值的选用可参阅"附录二十一""附录二十三"。

② 几何公差。有相互配合的零件形状、位置要有几何公差，如为了保证两齿轮正确啮合运转，机体上两轴轴线应有平行度要求，具体要求为两轴承孔中心线的平行度为 0.05 mm。各轴孔外端面对轴线的垂直度为 0.1 mm。前后轴承孔轴线的同轴度为 $\phi 0.02$ mm。各轴承孔的圆柱度不大于其直径公差的一半。机体的几何公差如需要选择可参考表 3-12 减速器机体的几何公差参考表。图 3-32 减速器机体的几何公差为轴承孔中心线间的平行度。

表 3-12　减速器机体的几何公差参考表

几何公差		公差等级
形状公差	轴承孔的圆度或圆柱度	IT6 ~ IT 7
方向公差	对称面的平行度	IT7 ~ IT 8

续 表

几何公差		公差等级
方向公差	轴承孔中心线间的平行度	IT6 ~ IT 7
位置公差	两轴承孔中心线的同轴度	IT6 ~ IT 8
方向公差	轴承孔端面对中心线的垂直度	IT7 ~ IT 8
	两轴承孔中心线间的垂直度	IT7 ~ IT 8

③ 表面粗糙度。加工表面应标注表面粗糙度,有相对运动的和经常拆卸的表面和结合面其粗糙度要求较高,如轴与孔的配合表面粗糙度一般选用 $Ra1.6 \sim 3.2$,与轴系零件配合如齿轮、皮带轮表面粗糙度可选用 $Ra3.2$,其他加工表面如螺栓孔、倒角圆角等粗糙度可选用 $Ra6.3 \sim 12.5$,不加工的表面粗糙度为毛坯面,可不作表面质量要求,但要进行标注,机体零件的表面粗糙度的选用原则参见前"典型零件机械制图测绘"有关内容,具体 Ra 值选择可参考表 3-13 和"附录三"。

表 3-13　减速器底座的表面粗糙度参考表　　　　　　　　　　　μm

加工表面	参数值 Ra	加工表面	参数值 Ra
减速器上下盖接合面	1.6 ~ 3.2	减速器底面	6.3 ~ 12.5
轴承座孔表面	1.6 ~ 3.2	轴承座孔外端面	3.2 ~ 6.3
圆柱销孔表面	1.6 ~ 3.2	螺栓孔端面	6.3 ~ 12.5
嵌入盖凸缘槽面	3.2 ~ 6.3	油塞孔端面	6.3 ~ 12.5
探视孔盖接合面	12.5	其余端面	12.5

④ 材料与热处理。机体是铸造零件,一般采用 HT200 材料(200 号灰铸铁),其毛坯应经过时效热处理,这些内容可在技术要求中用文字注写。

2. 机盖的草图制图测绘

1) 机盖的作用与结构特点

机盖也是减速器的一个重要零件,它的作用是与机体结合,用来支承和固定轴系零件,并和机体零件共同包容轴系零件,支承孔内加工有密封沟槽,与密封件配合起到密封作用。

机盖也是剖分式结构,机盖的结合面上均匀布置和机体相同位置和相同数量螺栓孔和销孔,与此连接定位。箱壁上加工有对称的两对轴承孔(与机体轴承孔配合),轴承孔里有密封沟槽。机盖的顶部设计有窥视孔。窥视孔用于检查齿轮传动的啮合情况、润滑状态等,机油也由此注入。

2) 机盖上的典型结构

机盖上的典型结构和机体基本相似,这里不再赘述。

3) 机盖的草图画法

齿轮减速器机盖零件草图画法见图 3-33 所示,画法步骤如下:

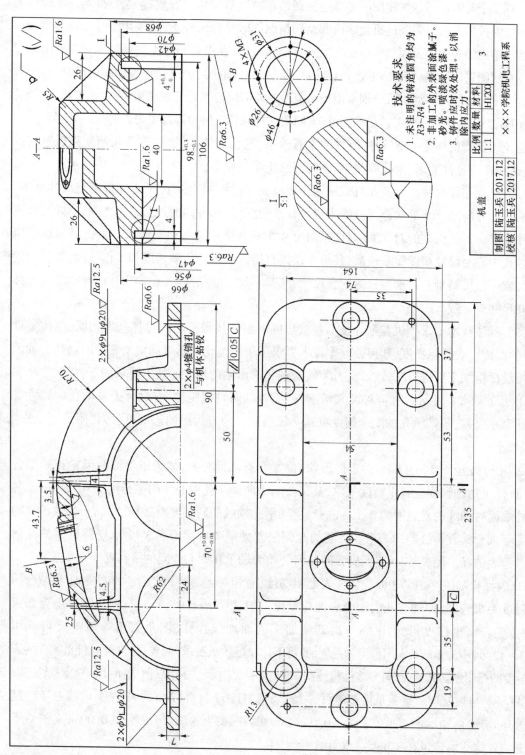

图 3-33 减速器机盖零件草图

（1）确定表达方案。由于机盖内外结构都比较复杂，因而表达方法也较复杂，通常机盖零件图应选择三个基本视图。主视图的选择应按照齿轮减速器工作位置放置，选择外形特征较明显的一面作为投影方向。为表达机盖的内部结构情况同时又保留外形，故采用了几个局部剖视表达方法。俯视图表达机盖顶部和窥视孔的外部形状，以及在机盖凸缘上的螺栓孔和销孔的分布情况。左视图采用沿主动轴孔轴线、机体内腔、从动轴孔轴线几个不同位置剖切的阶梯剖视，未能表达清楚的内外细部结构可分别采用较小范围的局部剖视和局部视图来表达，如窥视孔、销孔等。画草图时，零件上一些工艺结构，如铸造圆角、拔模斜度、倒角等都要表达清楚。

齿轮减速器机体是铸造零件，零件上常有砂眼、气孔等铸造缺陷，以及长期使用后造成的磨损、碰伤使得零件变形、缺损等，画草图时要修正恢复原形后表达清楚。

（2）标注零件尺寸。减速器机盖结构比较复杂，尺寸也较多，首先要分析确定尺寸基准。机盖的长度方向尺寸基准应选择轴线为主要基准；宽度尺寸方向的机盖结构也是对称的，其主要尺寸基准应选择机盖的对称面；高度方向尺寸主要基准应选择机盖与机体的结合面。机盖两轴孔中心距尺寸精度要求较高，其尺寸误差直接影响齿轮传动精度和工作性能，要采用游标卡尺或千分尺测量。凡轴与孔的配合尺寸，其基本尺寸应相同，各径向尺寸应与相配合零件的关联尺寸应一致。

（3）标注技术要求。机盖零件技术要求与机体零件技术要求的选择基本相同，机体零件上的尺寸公差、表面粗糙度、几何公差等技术要求可采用类比法参考同类型零件图选择。轴承孔和接触面粗加工后进行时效处理，对装输入轴和输出轴的轴孔的技术要求如下：

① 尺寸公差。主要尺寸应保证其精度，如机盖的两轴线距离，有配合关系轴孔的尺寸都要标注尺寸公差，各轴承孔的配合精度可选 7 级精度。公差等级的选用可参阅"附录二十一""附录二十三"。

② 几何公差。有相互配合的零件形状、位置要有几何公差，如为了保证两齿轮正确啮合运转，机体上两轴轴线应有平行度要求，具体要求为两轴承孔中心线的平行度为 0.05 mm。各轴孔外端面对轴线的垂直度为 0.1 mm。前后轴承孔轴线的同轴度为 $\phi0.02$ mm。各轴承孔的圆柱度不大于其直径公差的一半。机盖的几何公差如需要可参考表 3-12 减速器机体的几何公差参考表选择。图 3-33 减速器机盖的几何公差为轴承孔中心线间的平行度。

③ 表面粗糙度。加工表面应标注表面粗糙度，有相对运动的和经常拆卸的表面和结合面其粗糙度要求较高，如轴与孔的配合表面粗糙度一般选用 $Ra1.6 \sim 3.2$，与轴系零件配合如齿轮、皮带轮表面粗糙度可选用 $Ra3.2$，其他加工表面如螺栓孔、倒角圆角等粗糙度可选用 $Ra6.3 \sim 12.5$，不加工的表面粗糙度为毛坯面，可不作精度等级要求，但要进行标注，机盖零件的表面粗糙度的选用原则参见前"典型零件机械制图测绘"有关内容，具体 Ra 值选择可参考"附录三"。

④ 材料与热处理。机盖是铸造零件，一般采用 HT200 材料（200 号灰铸铁），其毛坯应经过时效热处理，两轴承中心距公差为 ±0.06 mm ，在装配图上的综合公差注 ±0.09 mm，机盖不允许漏油。这些内容可在技术要求中用文字注写。

3. 齿轮草图测绘

小齿轮与轴作成一整体，即为一个零件，称为齿轮轴，轴上技术要求与轴相同，齿轮部分的计算及结构同大齿轮。

1）齿轮的结构

由于小齿轮部分的计算及结构同大齿轮，此处只以大齿轮来说明齿轮的制图测绘过程。齿轮属于盘类零件，在端面方向上可划分为轮齿、轮辐和轮毂三个部分，在轮辐部分根据齿轮尺寸大小通常加工成整体、槽形和板孔等结构。齿轮的视图表达需用主、左两个视图表达齿轮的结构形状，主视图画成全剖视图，左视图可以全画，也可用局部视图来表达齿轮的轮孔和键槽的形状和尺寸情况。

2）齿轮的测绘

不论大小齿轮制图测绘时首先应数出其齿数 Z；测量出齿轮的齿顶圆直径：当齿数是偶数时，可用游标卡尺直接量出 d_a；若为奇数齿时，可参照第一篇第五节"测量工具与零（部）件尺寸测量方法"中有关方法测量；

计算模数 m：根据公式求出模数后，从标准模数（GB/T 1357—2008）表 3-14 中选取相近似的数值，即使模数 m 标准化；

表 3-14　标准模数表（GB/T 1357—2008）

圆柱齿轮 m	第一系列	1,1.25,1.5,2.5,3,4,5,6,8,10,12,16,20,25,32,40
	第二系列	1.75,2.25,2.75,(3.25),3.5,(3.75),4.5,5,(6.5),7,9,(11),14,18,22
锥齿轮（大端端面模数）m_e		1,1.125,1.25,1.375,1.5,1.75,2,2.25,2.5,2.75,3,3.25,3.5,3.75,4,4.5,5,5.5,6,6.5,7,8,9,10,11,12,14,16,18,20,22,28,30,32,36,40

根据模数 m 和齿数 Z 和有关公式，重新计算出齿顶圆，齿根圆和分度圆的直径及其他尺寸；

测量出其他各部分的结构尺寸，为了保证齿轮加工的精度和有关参数测量的准确，标注尺寸时要考虑到基准面。齿轮零件工作图上的各径向尺寸以孔心线为基准注出，齿宽方向的尺寸则以端面为基准标出。齿轮的分度圆直径是设计计算的基本尺寸，必须标出。齿根圆是根据齿轮参数加工得到的，其直径按规定不必标注。对于齿轮轴，不论车削加工还是切制轮齿都是以中心孔作为基准。

大齿轮键及键槽结构、尺寸必须根据轴径的大小查阅有关国家标准确定。

经整理加工后，绘出工作草图如图 3-34 所示。

3）技术要求

齿轮基准面的尺寸公差和几何公差的项目及其相应数值的确定都与传动的工作条件有关。通常按齿轮的精度等级确定其公差值。

齿轮的轴孔是加工、测量和装配的重要基准，尺寸精度要求较高，应根据装配图上标定的配合性质和公差精度等级，查公差表，标出其极限偏差值。齿轮的技术要求主要包括零件表面处理、热处理、表面粗糙度、尺寸公差、几何公差和精度检查等要求，可按下列要求列出：

① 齿轮的制造精度，按"级 8-7-7DC"；

② 齿轮轮毂两基准端面对轴线的圆跳动为 0.025 mm；

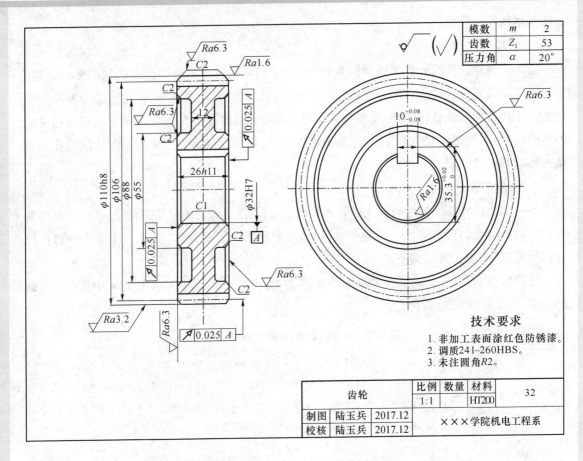

图 3-34　减速器齿轮零件草图

③ 齿轮顶圆对轴孔轴线圆跳动为 0.025 mm；

④ 齿轮轴孔的圆柱度为 0.018 mm；

⑤ 键槽两侧面对轴线的对称度为 0.08 mm；

⑥ 键槽公差按键连接的公差表选定。

本齿轮的几何公差要求为齿轮轮毂两基准端面对轴线的圆跳动为 0.025 mm 和齿轮顶圆对轴孔轴线圆跳动为 0.025 mm，其他技术要求如图 3-34 所示。

齿轮加工表面相应的表面粗糙度度量数值可参考表 3-15 确定。

表 3-15　齿轮的表面 *Ra* 推荐值　　　　　　　　　　　　　　　　　　　　μm

第 II 公差组精度等级		5	6	7	8	9	10
Ra	齿面	0.4	0.4,0.8	0.8,1.6	1.6	3.2	6.3
	齿顶圆柱面	0.8	1.6	1.6,3.2	3.2	6.3	12.5
	基准端面	0.8	1.6	1.6,3.2	3.2	3.2	6.3
	基准孔或轴	0.2,0.4	0.8	0.8,1.6	1.6	3.2	3.2
	非工作面	6.3 ~ 1.6					

4）齿轮的材料

齿轮的材料为 HT200。

4. 轴的草图制图测绘

1）轴的作用与结构特点

主动齿轮轴和从动轴是减速器的主要零件，其作用是支承和连接轴上的零件，如齿轮、带轮、滚动轴承、密封圈等，使轴系零件具有确定的位置并传递运动和密封的作用。轴的结构特点是同轴回转体，通常由圆柱体、圆锥体、孔等组成，在轴上常加工有键槽、销孔、螺纹等的连接定位结构和中心孔、退刀槽、倒角与倒圆等工艺结构。

主动齿轮轴和从动轴的形状取决于轴系零件在轴上安装固定位置，轴在泵体中的安装位置以及轴在加工和装配中的工艺要求。轴的长度尺寸主要取决于轴系零件的尺寸和功能尺寸，轴的径向尺寸主要取决于对轴的强度和刚度的要求。

2）主动齿轮轴和从动轴的草图画法

分析好主动齿轮轴和从动轴的结构特点后，要根据主动齿轮轴和从动轴画出零件草图，如图 3-35、图 3-36 所示减速器主动齿轮轴和从动轴的零件草图。

（1）确定表达方案。根据主动齿轮轴和从动轴的结构特点，通常选择一个以轴向位置（轴线为水平方向）投影的主视图来表达轴的主要结构形状，主动齿轮轴和从动轴上的键槽、销孔可采用移出断面图表达，退刀槽、倒角、倒圆等细小结构可采用局部放大图来表达。轴的草图应优先采用 1∶1 比例。

（2）标注零件尺寸。零件草画好以后，应标注尺寸，首先分析确定尺寸基准。轴的轴向尺寸基准一般选择以轴的定位端面（与齿轮的接触面）为主要基准，根据结构和工艺要求，选择轴的两头端面为辅助基准。轴的径向尺寸是以轴线为主要基准。

主动齿轮轴的齿轮测量按"齿轮的测绘"中方法步骤测量。键槽、销等标准零件尺寸测出之后，要查表选用接近的标准值，并按照规定标注方法进行标注。工艺结构如退刀槽、砂轮越程槽、倒角、倒圆的尺寸尽量要按照常见结构标注方法进行标注或在技术要求中用文字说明。

由于主动齿轮轴和从动轴的很多结构尺寸精度要求较高，对于主动齿轮轴和从动轴的尺寸测量，要采用游标卡尺或千分尺量取，测出的尺寸要圆整。凡主动齿轮轴和从动轴与孔的配合尺寸，其基本尺寸应相同，各径向尺寸应与相配合零件的关联尺寸应一致。

3）标注技术要求。

轴的尺寸精度、形位精度、表面质量要求直接关系到减速器的传动精度和工作性能，因此要标注相应的技术要求。

（1）尺寸公差。主动轴、从动轴与滚动轴承的配合，一般选用 js6 和 js7，轴上的连接件如齿轮、带轮一般选用 k6 配合，其次还要标注键槽的尺寸公差，轴的尺寸公差选用可参阅前典型零件制图测绘中"轴零件制图测绘"有关内容和书后"附录二十一"、"附录二十二"。

（2）几何公差。形状公差可由位置公差限定，不提出专门要求，其位置公差可选择各配合部分的轴线相对整体轴线有径向圆跳动要求，如有装配关系的各轴颈对轴颈轴心线的圆跳公差,其公差值一般选 0.03 mm;两个轴承端面对轴线的圆跳动为 0.02 mm;轴上键槽的两侧面对该轴颈轴线的对称度为 0.08 mm;各装轴承的轴颈圆柱度为 0.08 mm。轴的几何公差项目的选择可参考前典型零件制图测绘中"轴零件制图测绘"有关内容,也可参考同类型的零件图选择。本次测绘齿轮轴和轴几何公差如图 3-35 和图 3-36 所示。

（3）表面粗糙度。主动齿轮轴和从动轴的配合表面一般选用 Ra1.6,与齿轮的配合表面可选用 Ra3.2,主动齿轮轴和从动轴的定位端面可选用 Ra3.2,键槽的工作面选用 Ra3.2,其余加工表面一般选择 Ra6.3 ~ Ra12.5。主动齿轮轴和从动轴的加工表面粗糙度参数值可参考前典型零件制图测绘中"轴零件制图测绘"有关内容选择,也可参考"附录三"选择。

（4）材料与热处理。主动齿轮轴和从动轴的材料一般采用 45 号钢,加工成形后常采用调质处理,以增加材料的硬度,在技术要求中用文字说明,如:调质硬度 220 ~ 250HBS。

4）填写标题栏

标题栏格式可参考有关零件图,要填写清楚、完整。

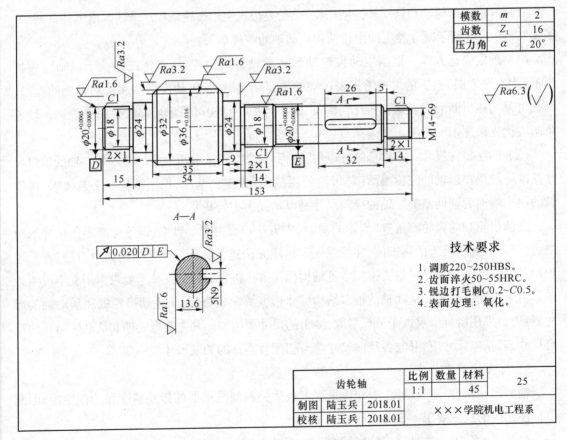

图 3-35　减速器主动轴零件草图

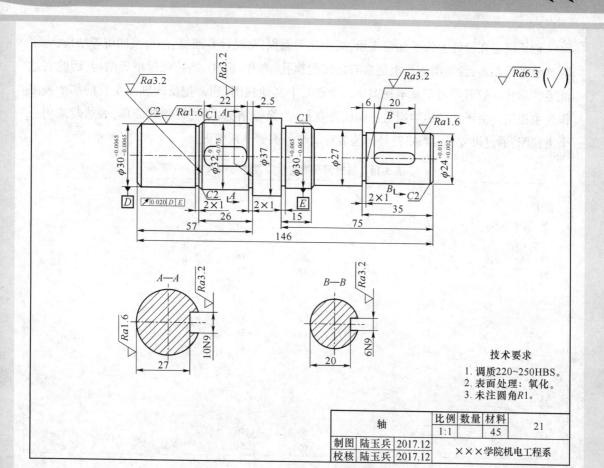

图 3-36　减速器从动轴零件草图

5. 嵌入端盖(轴承端盖)

1) 有关结构

减速器轴承端盖属于盘类零件。这类零件的主体多数是由共轴的回转体构成。这类零件与轴套类零件正好相反,一般是轴向尺寸较小,径向尺寸较大。减速器轴承端盖包括主动轴输出端透盖、封闭端闷盖和从动轴输出端透盖、封闭端闷盖共四个零件,主要用于轴向定位或密封等作用。

轴承端盖装在机体和机盖的轴承孔内,其两端顶住轴承外圈端面,其内壁斜度为 1:20,并应开槽,使润滑油经机体结合面上的沟槽流入轴承内。槽应有定位尺寸,其宽度和深度可均为 4 mm。输出端端盖(透盖)零件上常具有轴孔,带有轴孔的轴承端盖(透盖)应有用于防漏的油沟或毡圈等密封结构,密封结构为毡封圈密封,该毡封圈及槽密封装置的结构、尺寸按图 3-37 及表 3-16 的结构形式画出。

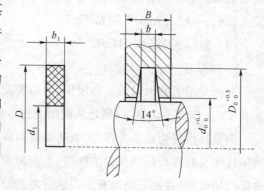

图 3-37　毡封圈及槽密封装置

轴承端盖在设计上为了加强支承,减少加工面积,常设计有凸缘、凸台或凹坑等结构,为了与其他零件相连,盘盖类零件上还常有较多的螺孔、光孔、沉孔、销孔或键槽等结构,因此表达此零件形状一般需要两个基本视图和一个或几个其他视图,通常把反映轴线实长的那个视图作为主视图。由于此减速器端盖在端面没有孔、凸缘等结构,结构显得较简单,表达时采用一个主视图,通过尺寸标注"ϕ"符号即能表达清楚各端盖结构情况。

表 3-16　毡封圈及槽密封装置的结构尺寸

轴径 d	毡封圈			槽			B	
	D	d_1	b_1	D_0	d_0	b	钢	铸铁
15	29	14	6	28	16	5	10	12
20	33	19		32	21			
25	39	24	7	38	26	6	12	15
30	45	29		44	31			
35	49	34		48	36			
40	53	39		52	41			
45	61	44	8	60	46	7	12	15
50	69	49		68	51			

2)技术要求

(1)尺寸公差。轴承端盖配合面为外圆表面,与机体、机盖的轴承座孔相配合,其尺寸公差要求较高。轴承端盖与轴承座孔配合处公差为 f7,各零件具体公差值如图 3-38 和图 3-39。

(2)几何公差。同尺寸公差,几何公差有较高要求的要素为装配时嵌入机体、机盖的轴承座孔直径较大段的轴承端盖端面,此端面要求有一定的密封效果,几何公差项目为圆跳动。各零件具体几何公差项目及其公差值如图 3-38 和图 3-39 所示。

(3)表面粗糙度。同尺寸公差和几何公差相对应,轴承端盖的表面粗糙度的要求较高的表面是减速器机盖和机体配合处端面、与轴承座孔配合处,分别为 $Ra1.6$ 和 $Ra3.2$,其他表面要求较低,一般为 $Ra6.3$ 和 $Ra12.5$。

(3)材料:Q235 或 HT200。

5. 调整环

上面介绍了两根轴的轴向定位,最后装配靠两端部的透盖、闷盖与箱机体凸台定位,故两端有 1 mm 作调整余量,以满足装配图的技术要求,轴向间隙为 1.8~2.2 mm。

调整环可视为盘盖类零件,表达盘盖类零件形状一般需要一个或两个基本视图,通常把反映轴线实长的那个视图作为主视图,为清楚表达其内部结构,通常把主视图进行全剖。由于调整环结构简单,在端面处没有未表达清楚的结构,故通过尺寸标注"ϕ"即可表达出调整环为回转体零件。调整环零件草图如图 3-40 所示。

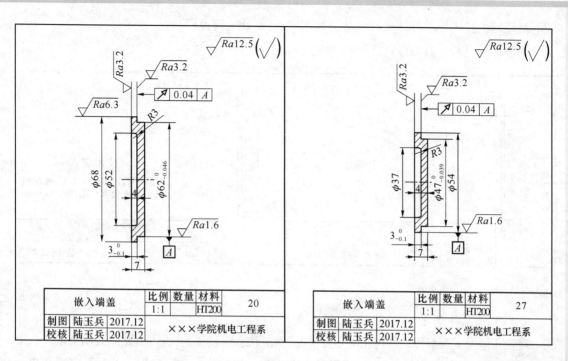

图 3-38　主、从动轴轴承嵌入端盖（闷盖）零件草图

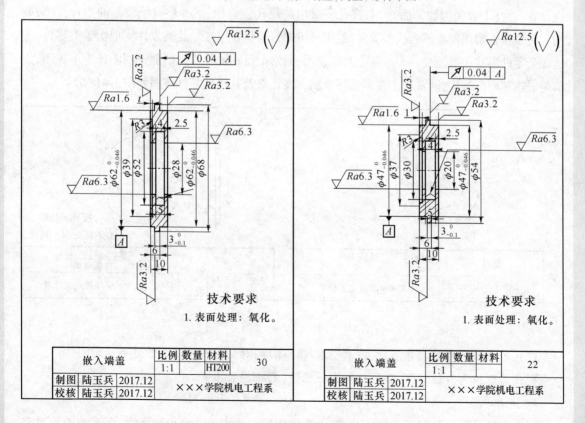

图 3-39　主、从动轴轴承嵌入端盖（透盖）零件草图

调整环的技术要求具体项目和数值如图所示,此处不再说明。

调整环的材料一般 Q235。

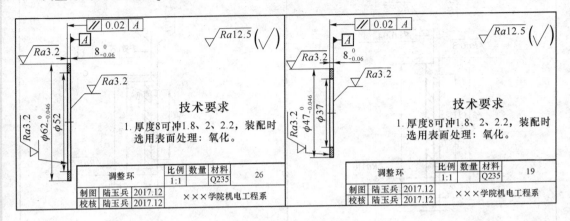

图 3-40　调整环零件草图

6. 视孔盖及其垫片

窥视孔是为了观察传动件齿轮的啮合情况,润滑状态而设置的,也可由此注入润滑油。一般将窥视孔开在机盖顶部(为减少油中杂质可在孔口装一滤油网)。为了减少加工面,窥视孔口处应设置凸台(上表面为加工面)。窥视孔平时用窥视孔盖盖住,下面垫有纸质封油垫片,以防漏油。窥视孔盖常用钢板或有机玻璃制成,用一组螺钉与机盖连接。此类零件类似盘盖类零件,表达此类零件形状一般需要一个或两个基本视图,通常把反映轴线实长的那个视图作为主视图,为清楚表达其内部结构,通常把主视图进行全剖。视孔盖及其垫片零件草图如图 3-41 所示。

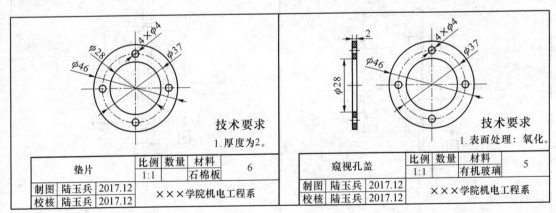

图 3-41　视孔盖及其垫片零件草图

视孔盖及其垫片的尺寸测量、技术要求具体项目和数值如图所示,此处不再说明。

视孔盖材料为有机玻璃,垫片材料为石棉板(石棉橡胶纸)。

7. 挡油环

因大齿轮采用浸油润滑,通过大齿轮飞溅作用使与小齿轮啮合得到润滑;而滚动轴承通常采用脂润滑,为避免油池中的润滑油被溅至滚动轴承内稀释润滑脂从而带走润滑脂,降低润滑效果,故在轴承内侧加一挡油环。此类零件类似盘盖类零件,表达此类零件形状一般需要一个或两个基本视图,通常把反映轴线实长的那个视图作为主视图,为清楚表达其内部结构,通常把主视图进行全剖。挡油环零件草图如图 3-42 所示。

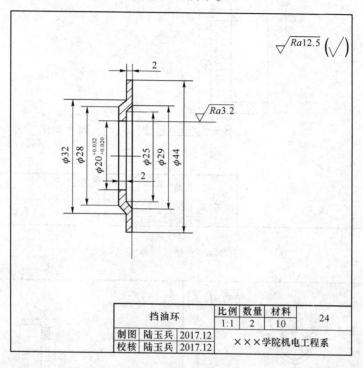

图 3-42　挡油环零件草图

挡油环在轴向定位下,与主动齿轮轴及轴承内圈一起旋转。挡油环的直径比轴承安装孔的直径一般小 1 mm。挡油环的尺寸测量、技术要求具体项目和数值如图 3-42 所示,此处不再说明。

6. 套筒

由于轴向定位和拆装的需要,大齿轮端面一侧以轴环定位,另一侧则以套筒定位,定位套筒的一侧与滚动轴承内圈接触。套筒零件属于轴套类零件,视图表达通常采用一个主视图及移出断面图、局部放大图、局部剖视图等其他视图,由于此零件结构简单,采用一个主视图,主视图全剖即可清楚表达其内外结构。套筒零件草图如图 3-43 所示。套筒的尺寸测量、技术要求具体项目和数值如图所示,此处不再说明。

7. 油塞及垫片

为将箱内的废油排出,在箱座底面的最低处设置有排油孔,机体的内底面也常做成向排油孔方向倾斜的平面,以使废油能排除彻底。平时排油孔用油塞加密封垫拧紧封住。为保证密封性,油塞一般采用细牙螺纹。油塞其结构和螺栓基本相同,但又与螺栓不同,因此可作常用零件进行测绘也可按标准件进行了测绘,如按常用零件进行测绘,油塞及垫片零件草图如图 3-44 所示,如按标准件进行测绘,油塞结构可参照零件手册上的标准形状,并根据测量结果确定其图形仅在装配图上画出即可。

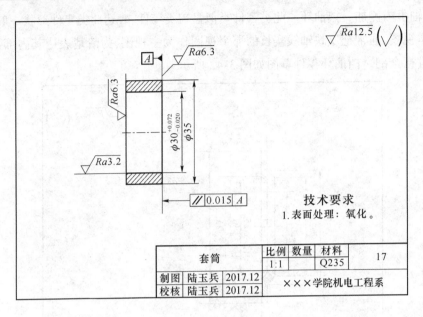

图 3-43　套筒零件草图

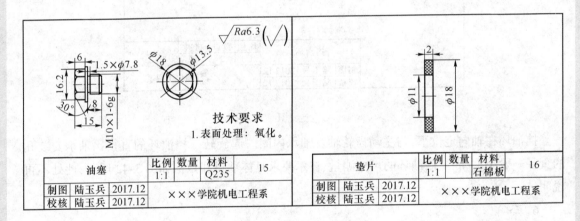

图 3-44　油塞零件草图

在表达油塞和机体的装配关系时,一定要注意油塞和油塞孔的配合合理性,油塞在装配图上的绘制方法可参考图 3-45 所示。

图 3-45　油塞和油塞孔的配合

8.　油标

用于检查减速器内润滑油的油面高度,除油尺外,还有圆形,管状和长型油标.一般放在低速级有较稳之处.设计时应保证其高度适中,并防止油标与箱座边缘和吊耳干涉,该结构是作测量机体内油位高低用的。油标为常用零件,本减速器油标在结构上省去了和机体连接的螺纹,在装配时增加了一垫片,因此本减速器油标即可视为设计件,也可视为常用件,如当作设计零件,油标及垫片零件草图如图 3-46 所示,如当作常用件,其结构可参照零件手册上的标准形状,并根据测量结果确定其图形在装配图上的表达方法。油标在装配图上的绘制方法可参考如图 3-47 所示。绘图时要注意油标和机体的吊耳不能发生干涉而导致油标不能方便安装和取出。

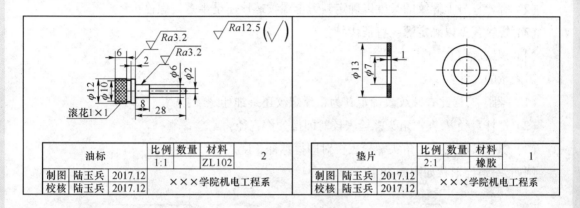

图 3-46　油标及垫片零件草图

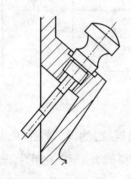

图 3-47　油标在装配图上的绘制方法

四、其他零件

减速器除以上各零件外还有一些已标准化了的标准件和常用件,测绘过程如下。

1. 螺栓紧固件

螺栓紧固件是标准件,减速器上的螺栓紧固件主要是为连接机盖和机体。螺栓紧固件(螺栓、螺母、垫圈)不需要绘制零件图,只要在明细表中注明标准代号、标记、规格、材料、数量。螺栓、螺母、垫圈配合在一起使用构成螺栓连接组件,这三个件中,只有螺栓需要测出一些主要的尺寸,而螺母、垫圈的规格尺寸必须和与之相配的螺栓的相一致,因此后两个件不需测规格尺寸。

1) 螺栓

螺栓的规定标记为：名称 标准代号 螺纹代号×长度

其中螺纹代号包括：螺纹特征代号 公称直径×螺距 旋向 ；公称直径——螺杆大径 d；长度——螺杆长度 l；螺距——细牙螺纹大写。

因此，要确定螺栓的规定标记需测绘以下内容：

目测观察的内容：

（1）螺栓的杆身形状以确定其产品等级为 A 或 B 级还是 C 级；

（2）螺栓杆身上螺纹的长度以确定其为全螺纹螺栓还是半螺纹螺栓；

（3）螺纹牙型以确定螺纹特征代号；

（4）螺纹旋向。

需测量的尺寸：

（1）螺距 P，据此查螺纹表确定其为粗牙螺纹还是细牙螺纹；

（2）螺杆直径 d，查六角头螺栓表校对即得公称直径；

（3）螺杆长度 l，查六角头螺栓表校对即得螺杆长度。

例如，一螺栓形状如图 3-48 所示：

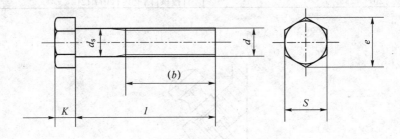

图 3-48　螺栓及其结构参数

观察其牙型为三角形，右旋，属普通螺纹，测得其螺距 P 为 1.5 mm，螺杆直径 d 为 10 mm，根据这三项内容，查螺纹"附表十一"，得知此螺纹为粗牙普通螺纹；查六角头螺栓"附表十一"，对照其形状及杆径知其产品等级为 A 级，又根据其杆身为半螺纹、粗牙确定该螺栓标准代号为 GB 5782—2000。因此该螺栓的所有尺寸都可以从该表 M10 这一竖列中查得，其中杆长给的是一个范围 40～100 mm，具体值应在最下面一行的 l 系列里面找，而不一定就是测得的值，比如该杆长的测得值为 89 mm，但在 l 系列找不到这个值，那么就取与 89 mm 最接近的值 90 mm。到此就可以写出该螺栓的规定标记为：螺栓 GB 5782—2000　M10×90。

2) 螺母

螺母的规定标记为：名称　标准代号　螺纹代号

其中螺纹代号必须与和其相配的螺栓的螺纹代号相同，因此螺母的制图测绘，不需要测量任何尺寸，只要根据螺母的规格尺寸 D，查 I 型六角螺母表，先确定出螺母的产品等级，就可以确定其标准代号，写出其规定标记。例如与上例规定标记为：螺栓 GB 5782—2000 M10×90 的螺栓相配的螺母的规定标记应为：螺母 GB 6170—2000 M10。

3）垫圈

垫圈的规定标记为：名称标准代号 公称尺寸—性能等级

其中公称尺寸为与之相配的螺栓的杆径 d，不是垫圈的内径 d_1，性能等级需查相应的工作手册，为确定垫圈类型还需测出垫圈的内径 d_1 和垫圈的外径 d_2，查垫圈表，确定其类型、标准代号，进而写出规定标记。如测得与上例螺栓相配的垫圈的 $d_1 = 10.5$ mm，$d_2 = 20$ mm，又观察其不带倒角，所以其规定标记为：垫圈 GB 97.1—2002 10—100HV。

2. 普通平键

普通平键的结构及其参数如图 3-49 所示，其规定标记为：名称 类型 键宽×键长 标准代号

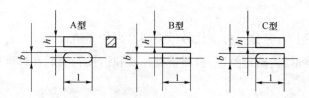

图 3-49 普通平键结构及其参数

标记示例：

圆头普通平键（A 型）、$b = 16$、$h = 10$、$L = 100$，记为：键 GB/1096—2003 16×10×100

平头普通平键（B 型）、$b = 16$、$h = 10$、$L = 100$，记为：键 GB/1096—2003 B16×10×100

单圆头普通平键（C 型）、$b = 16$、$h = 10$、$L = 100$，记为：键 GB/1096—2003 C 16×10×100

制图测绘步骤：

（1）观察键的形状，确定键的类型；

（2）测出键槽所在的轴的轴径 d 和键长 L，在标准中（附录十七普通平键）查阅键的长度系列（L 系列），选择与测量值最接近的标准键长 L，查出键宽 b，写出规定标记。

3. 螺钉

螺钉的规定标记为：名称 标准代号 螺纹代号×长度

（1）单个螺钉的制图测绘方法：同螺栓。

（2）在装配体上的没拆下来的连接螺钉的制图测绘方法：

① 观察螺钉头部，确定螺钉类型；

② 测量螺钉头直径 d_k，查附录表十五，校正 d_k 值，并确定螺钉杆直径 d；

③ 计算螺钉杆长：

盘头螺钉： $l_{计} = b_m + \delta$

沉头螺钉： $l_{计} = b_m + \delta - 0.1d$

圆柱头内六角螺钉： $l_{计} = b_m + \delta - k - 0.1d$

式中，b_m——螺钉旋入深度，参照附录九表确定；δ——光孔零件的厚度；d——螺钉杆径；k——螺钉头部高度，查螺钉附录十三表确定。

④ 按计算长度（$l_{计}$），在标准中（螺钉附录十三表）查阅螺钉的长度系列（L 系列），选择与

其接近的标准长度(l),即可写出螺钉的规定标记。

4. 销

为保证机体轴承座孔的镗制和装配精度,在加工时,要先将机盖和机体用两个圆锥销定位,并用连接螺栓紧固,然后再镗轴承孔。以后的安装中,也由销定位。通常采用两个销,在机盖和机体连接凸缘上,沿对角线布置,两销间距应尽量远些。其结构可参照零件手册上的标准形状,并根据测量结果确定其标准代号、标记、规格、材料、数量。

1)圆锥销

圆锥销的规定标记为:名称 标准代号 小端直径×销长

测绘步骤:先测出小端直径d、销长l,然后在标准中校核,圆锥销标准如"附录十九"。

2)圆柱销

圆柱销的规定标记为:名称 标准代号 类型 直径×销长

测绘步骤:先观察形状,确定类型,后测量直径d和销长l,最后在标准中校核,圆柱销标准如"附录十八"。

5. 滚动轴承

直齿圆柱齿轮传动主要是承受径向力,可选用"单列向心球轴承"。由于轴承的内孔与轴选用的过渡配合,为了避免损坏零件,制图测绘时不要拆卸,其尺寸可根据轴颈尺寸查阅有关标准。在装配图中画轴承时尺寸参考《机械制图》常用滚动轴承画法。在注写尺寸时特别应注意,对于轴承内圈与轴的配合应选用基孔制优先常用配合;而对于轴承外圈与机体的配合应选用基轴制优先常用配合。

滚动轴承的规定标记为:名称 滚动轴承的代号 标准代号

测出滚动轴承的内径d(输入轴轴承内径为$\phi 20$,输出轴轴承内径为$\phi 25$)、外径D及宽度B,然后到滚动轴承"附录二十六"和"附录二十七"表中查其滚动轴承的代号及标准代号,写出滚动轴承的规定标记。

五、减速器装配图画法

装配图草图是根据零件草图依次徒手画出,主要按装配内容要求画底稿图,故画图的尺寸不作要求,主要将装配结构、装配关系、视图表达和零件编号等表达清楚,发现不合理不恰当,可随时修改,以作为画装配工作图的依据。画部件装配图时必需一丝不苟地按所测绘的草图来画。这样才能检查出所测绘的草图是否正确。如尺寸是否完全、相关尺寸是否协调、是否符合装配工艺要求等等。如果发现问题,应及时对零件草图进行修改和补充。画装配草图或装配图的方法步骤大致如下:

1. 拟定表达方案

拟定表达方案的原则是:能正确、完整、清晰和简便地表达部件的工作原理、零件间的装配关系和零件的主要结构形状。其中应注意:

1)基本原则

（1）主视图的投射方向、安放方位应与部件的工作位置(或安装位置)相一致。主视图或与其他视图联系起来要能明显反映部件的上述表达原则与目的。

（2）部件的表达方法包括：一般表达方法、规定画法、各种特殊画法和简化画法。选择表达方法时，应尽量采用特殊画法和简化画法，以简化绘图工作。画装配图时也可参考《机械制图》(大多数教材在装配图部分均有此例)教材中一级减速器(参考)装配图完成。一级减速器(参考)装配图如图3-50所示，可供制图测绘单级直齿圆柱齿轮减速器，画装配图时参考。

2）装配图分析图

图3-50一级减速器装配图(分析参考)的表达方案，选用了"主、俯、左"三个基本视图，具体分析如下：

（1）主视图：大部分反映减速器正面外形，用七处局部剖视反映了箱壁壁厚、上下机体连接、排油孔和油塞、油标尺、窥视孔和窥视孔盖、定位销、吊耳、安装孔等结构的位置等情况，符合上述主视图选择的原则与目的。

其中，上下机体的两组螺栓连接均采用了简化画法，即每组只清楚地画出一个，其他均不画，如需要只用点划线表达出其位置即可；相同零件组采用了公共指引线标注序号。画装配图视图应注意以下几点：

a）上、下机体结合面按接触一条线画至轴承端盖为止，防止超越或漏画此线(粗实线)。

b）在主视图中，凡在投射方向上可见，都应如实示出(一般两轴的伸出端应各在一侧，以方便各联原动机、工作机)。

c）七处剖视，应处理好所剖的范围和波浪线画法。

d）油池润滑油高度如需表示，应按液体的剖面符号示出油池的液面高度(以大齿轮的齿根浸入定为液面高限)。

（2）俯视图：是反映减速器工作原理、轴系零件及其相对位置的主要视图，它采用沿机体结合面剖切的表达方法，以较大的局部剖视清楚反映了两齿轮啮合传动和两轴系零件的相依关系及其轴向定位、滚动轴承密封以及下机体凸缘上面的油沟等情况，只保留了一小部分的上机体外形，用以反映带吊耳壁板的宽度、油标的位置、定位销的位置以及螺栓上机体这个位置的结构特点。画俯视图应注意以下几点：

a）由于沿结合面剖切，螺栓和定位销被横向剖切，故应照画剖面线，螺栓杆部与螺栓孔按不接触画两条线(圆)；圆锥销与销孔是配合关系，应画一条线(圆)。

b）当幅面受限时，两轴伸出端，可采用折断画法，但要注原实际尺寸。

c）两轴系零件的轴向定位关系，应正确表示，避免发生矛盾。

d）两齿轮啮合区按规定画法，主动齿轮轴此处应按局部剖，画出波浪线和剖面线。

（3）左视图：补充表达了主视图未尽表达的减速器左端面外形。对上、下机体表面的过渡线作了正确表达。在左视图上采用剖视图表达清楚两轴输入、输出端键槽的结构，同时标注出两轴轴线距高度基准面的尺寸。窥视孔盖及其连接螺钉虽然在左视图上不反映实形，但均需按投影关系作正确图示。但也可采用拆卸画法，即拆卸窥视孔盖及其连接螺钉等零件表达。

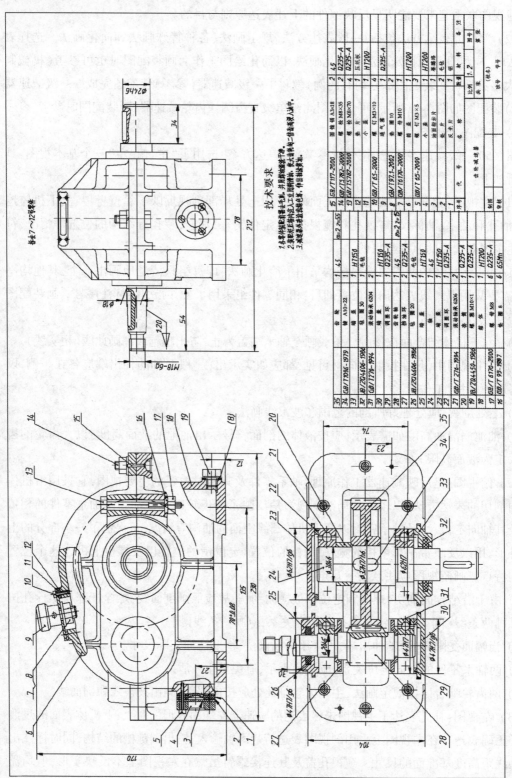

图 3-50 分析参考用一级减速器装配配图

2. 画装配图的具体步骤

画装配图的具体步骤常因部件的类型和结构型式不同而有所差异。一般先画主体零件或核心零件,可"先里后外"地逐渐扩展;再画次要零件,最后画结构细节。画某个零件的相邻零件时,要几个视图联系起来画,以对准投影关系和正确反映装配关系。

画本次测绘单级齿轮减速器装配图时,建议按如下步骤进行:

(1)先画主视图:在主视图中,应以底面为基准先画机体;再画机盖及其附件,机盖、机体连接件;然后对几处作必要的局部剖视。

(2)画俯视图:沿机体结合面剖切,按投影关系定准两轴中心距,画下机体的轴承座孔、内壁和周边凸缘、螺栓孔、螺栓断面,定位销断面和油沟等结构;再将两轴座落在下机体的轴承座孔上,依次画出两轴系零件及其轴承端盖,注意轴上零件的轴向定位关系和画法。俯视图亦可沿结合面作全剖视,即不保留上机体的局部外形。

(3)画左视图:按投影关系,处理好左视图上应反映的外部结构形状及其位置,注意过渡线画法。下机体底缘上的安装孔,如不在主视图上作局部剖视,也可改在左视图上作局部剖视。

3. 标注装配图上的尺寸和技术要求

(1)尺寸:装配图中需标注五类尺寸:①性能(规格)尺寸;②装配尺寸(配合尺寸和相对位置尺寸);③安装尺寸;④外形尺寸;⑤其他重要尺寸。这五类尺寸在某一具体部件装配图中不一定都有,且有时同一尺寸可能有几个含义,分属几类尺寸,因此要具体情况分析,凡属上述五类尺寸有多少个,注多少个,既不必多注,也不能漏注,以保证装配工作的需要。

(2)技术要求:装配图中的技术要求包括配合要求,性能、装配、检验、调整要求,验收条件,试验与使用、维修规则等。其中,配合要求是用配合代号注在图中,其余用文字或符号列条写在明细栏上方或左方。确定部件装配图中技术要求时,可参阅同类产品的图样,根据具体情况而定。

4. 编写零件序号和明细栏

根据机械制图教材所述零件序号编注的方法和规定,编写序号;并与之对应地编写明细栏(标准件要写明标记代号,齿轮应注明 m、z)。

5. 减速器装配图表达方案的确定

参考图 3-50 一级减速器装配图(分析参考)的表达方案,本次减速器装配图表达选择了三个基本视图,即主、俯、左视图。按照减速器的工作位置放置,选择了能够较多反映出减速器的外部形状特征和各零件的装配位置作为主视图投影方向。在主视图上采用几个局部剖视方法表达出窥视孔、油标孔、放油孔的内部结构以及螺栓、圆柱销的连接情况。俯视图采用沿机体与机盖结合面的剖切画法,表达出两齿轮的啮合情况及轴系零件的装配位置和配合关系,同时也表达出螺栓孔和销孔沿机体凸缘处的分布情况。左视图只表达减速器外形和油标的位置,部分未表达清楚的细小结构可分别采用局部剖视或局部视图表达方法。图 3-51 为本次减速器的装配图。

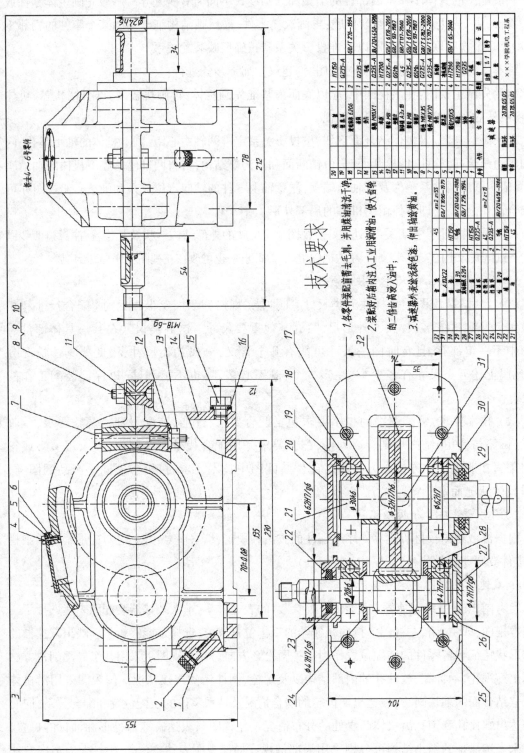

图 3-51 减速器装配图

2. 减速器装配图画法步骤

(1)定比例、选图幅、布图。图形比例大小及图纸幅面大小应根据减速器的大小、复杂程度,同时还要考虑尺寸标注、序号和明细表所占的位置综合考虑来确定。视图布置是通过画各个视图的中心线、基准位置线来安排,如图3-52所示。

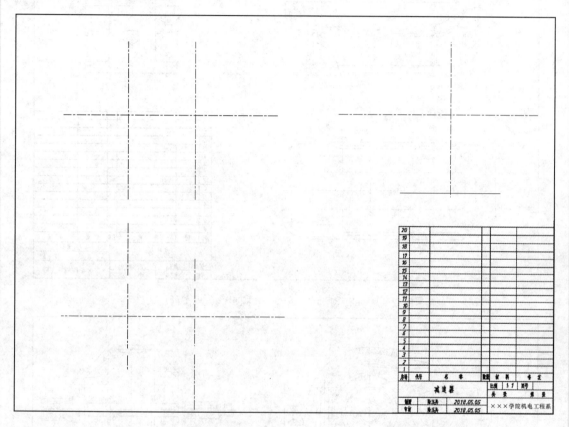

图3-52 减速器装配图画图步骤一 画各视图的中心线、基准位置线

(2)确定主体零件(机体),先根据零件图画出机体各视图的轮廓线,如图3-53所示。后依次画各主要或较大零件的轮廓线。

(3)根据零件图画出其他主要或较大零件各视图的轮廓线,如图3-54所示。最后依次画出螺栓、销等较小零件轮廓线。

(4)按照各零件图的装配关系画出其他较小零件视图的轮廓及其他细部结构,如图3-55所示。

(5)根据各零件装配关系画完视图之后,要进行检查修正,确定无误,按照图线的粗细要求和规格类型将图线描深加粗,并填充剖视区域剖面线如图3-56所示。

(6)标注尺寸,注写技术要求,编写零件序号,填写标题栏和明细表,完成减速器装配图,如图3-51所示。

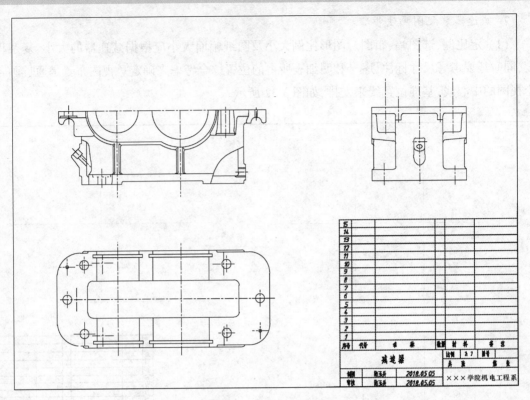

图 3-53　减速器装配图画图步骤二　画机体各视图的轮廓线

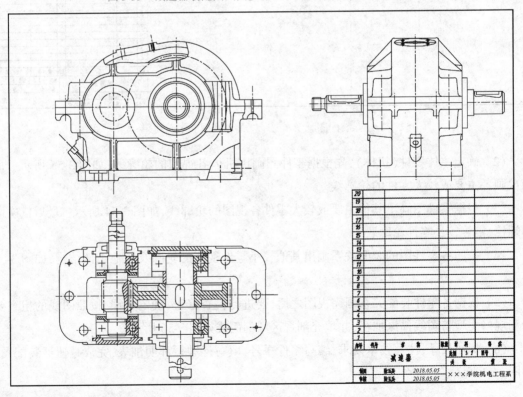

图 3-54　减速器装配图画图步骤三　画其他主要或较大零件各视图的轮廓线

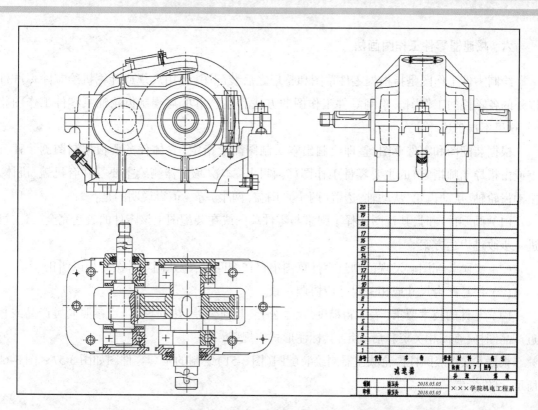

图 3-55　减速器装配图画图步骤四　画出其他较小零件视图的轮廓及其他细部结构

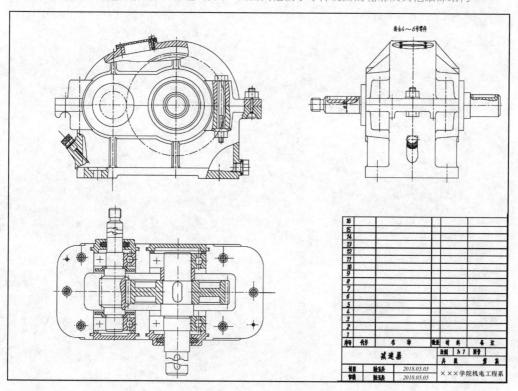

图 3-56　减速器装配图画图步骤五　检查修正、描深加粗图线、填充剖面线

六、减速器零件工作图画法

绘制零件工作图是指根据零件草图和整理之后装配图,运用尺规或计算机绘制除标准件以外的各零件的工作图。绘制零件工作图的方法和注意事项与绘制齿轮油泵零件工作图相同,这里不再赘述。

根据装配图和零件草图,整理绘制出本次制图测绘指定(具体任务要根据制图测绘任务书或由指导老师指定)的主要零件工作图(零件图),本次减速器测绘主要零件有机盖、机体、主动齿轮轴、从动齿轮、从动轴,透盖(两个)、闷盖(两个)等。值得说明的是:

(1)画零件图时,其视图选择不强求与零件草图或在装配图上该零件的表达完全一致,可进一步改进表达方案。

(2)经画装配图后发现已画过零件草图中存在的问题,应在画零件图时加以纠正。

(3)注意配合尺寸或相关尺寸应协调一致。

(4)零件的技术要求(表面粗糙度、尺寸公差、几何公差、热处理等)可参照同类产品或相近产品图样,查阅相关资料后确定,其标注形式应规范。

根据本次单级圆柱齿轮减速器测绘装配图(图 3-51)绘制的全套零件图如图 3-57 ~ 图 3-68 所示,可供参考。

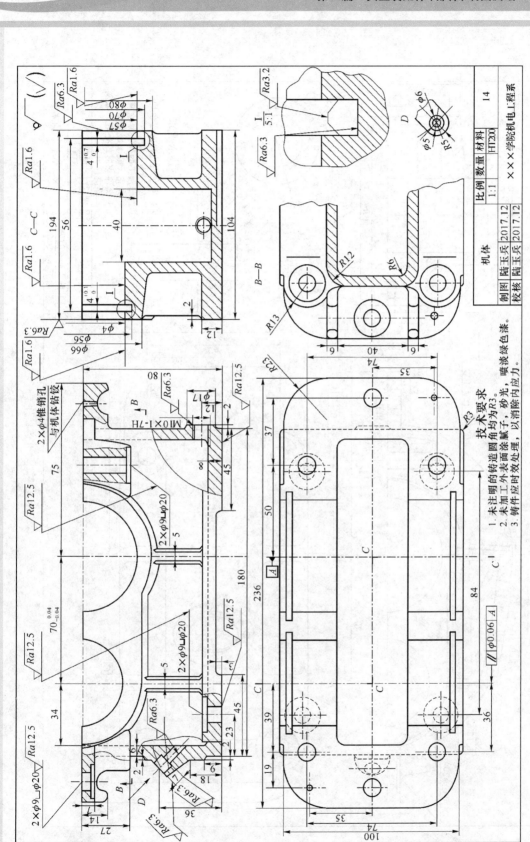

技术要求

1. 未注明的铸造圆角均为R3。
2. 未加工外表面涂漆、砂光，喷涂绿色漆。
3. 铸件应时效处理，以消除内应力。

	机体		
		比例	数量	材料

制图	陆玉兵	2017.12	比例	数量	材料
校核	陆玉兵	2017.12	1:1	14	HT200
			×××学院机电工程系		

图3-57 减速器机体零件工作图

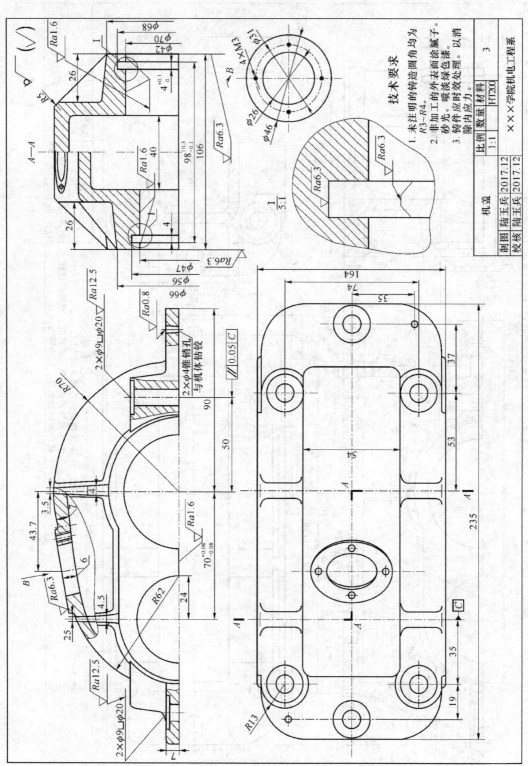

图 3-58　减速器机盖零件工作图

技术要求

1. 未注明的铸造圆角均为 R3~R4。
2. 非加工的外表面涂腻子。砂光。喷淡绿色漆，以消转件应时效处理，以消除内应力。

机盖	比例	数量	材料	
	1:1	3	HT200	
制图	陆玉兵	2017.12	×××学院机电工程系	
校核	陆玉兵	2017.12		3

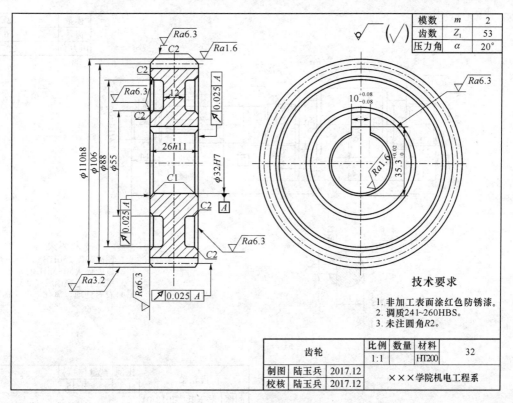

模数	m	2
齿数	Z_1	53
压力角	α	20°

技术要求

1. 非加工表面涂红色防锈漆。
2. 调质241~260HBS。
3. 未注圆角$R2$。

齿轮	比例	数量	材料	32
	1:1		HT200	
制图	陆玉兵	2017.12	×××学院机电工程系	
校核	陆玉兵	2017.12		

图 3-59 减速器齿轮零件工作图

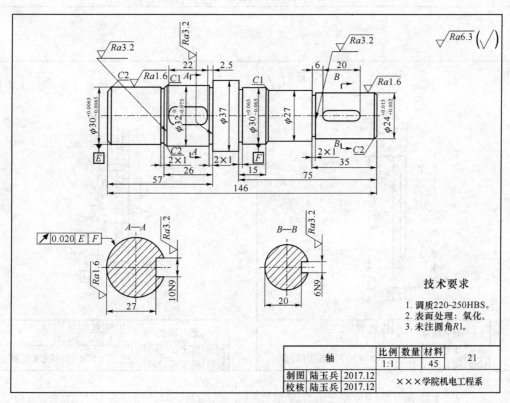

技术要求

1. 调质220~250HBS。
2. 表面处理：氧化。
3. 未注圆角$R1$。

轴	比例	数量	材料	21
	1:1		45	
制图	陆玉兵	2017.12	×××学院机电工程系	
校核	陆玉兵	2017.12		

图 3-60 减速器轴零件工作图

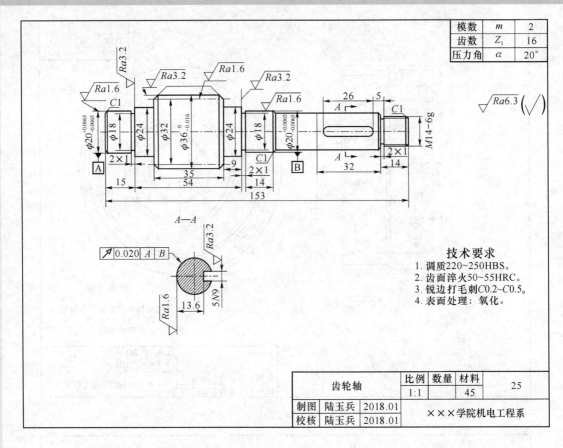

模数	m	2
齿数	Z_1	16
压力角	α	20°

技术要求

1. 调质220~250HBS。
2. 齿面淬火50~55HRC。
3. 锐边打毛刺$C0.2 \sim C0.5$。
4. 表面处理：氧化。

齿轮轴	比例	数量	材料	25
	1:1		45	
制图 陆玉兵 2018.01		×××学院机电工程系		
校核 陆玉兵 2018.01				

图 3-61　减速器齿轮轴零件工作图

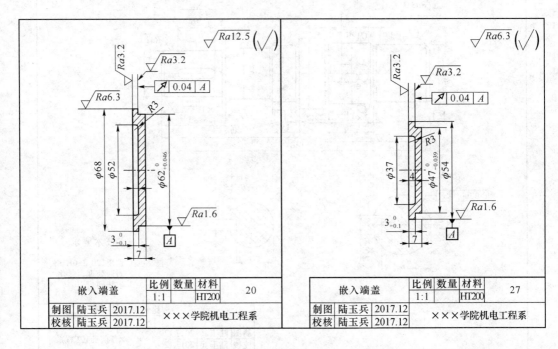

嵌入端盖	比例	数量	材料	20
	1:1		HT200	
制图 陆玉兵 2017.12		×××学院机电工程系		
校核 陆玉兵 2017.12				

嵌入端盖	比例	数量	材料	27
	1:1		HT200	
制图 陆玉兵 2017.12		×××学院机电工程系		
校核 陆玉兵 2017.12				

图 3-62　减速器(从动轴封闭端)轴承端盖和(主动轴封闭端)轴承端盖零件工作图

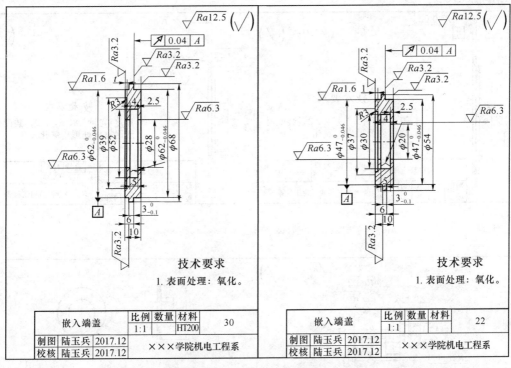

图 3-63 减速器(从动轴输出端)轴承端盖和(主动轴输出端)轴承端盖零件工作图

图 3-64 减速器油塞和垫圈零件工作图

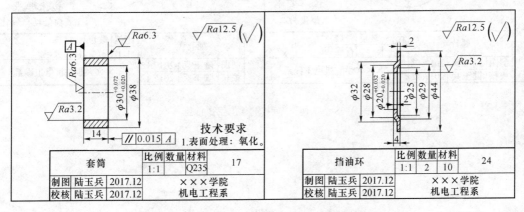

图 3-65 减速器定位套筒和挡油环零件工作图

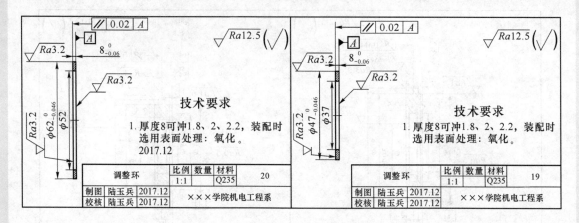

图 3-66　减速器(从动轴)调整环和(主动轴)调整环零件工作图

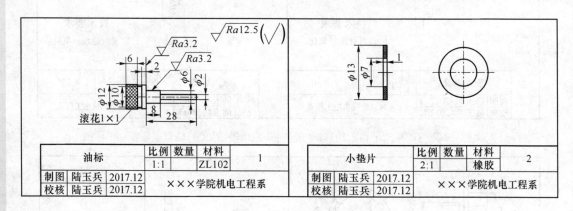

图 3-67　减速器油标和小垫片零件工作图

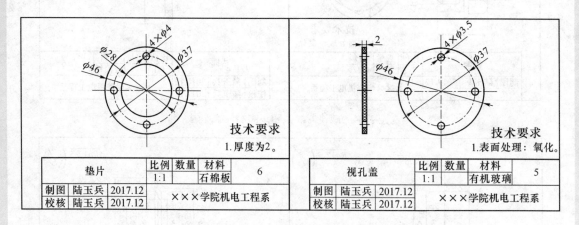

图 3-68　减速器垫片和视孔盖零件工作图

第三节　机用虎钳的制图测绘

一、机用虎钳的作用与工作原理

机用虎钳是铣床、钻床、刨床的通用夹具,机用虎钳安装在工作台上,用于夹紧工件,以便进行切削加工的一种通用部件。机用虎钳一般由十多种零件组成,主要零件有固定钳身、活动钳身、螺杆等,其中有螺纹、圆柱销等标准件,是一种较为典型的制图测绘部件。其轴测图如图3-69 所示。

机用虎钳工作原理是:转动螺杆使螺母块沿螺杆轴向移动时,螺母块带动活动钳身在固定钳身上滑动,便可夹紧或松开工件,即可实现夹紧或卸下加工零件。螺杆装在固定钳身的左右轴孔中,螺杆右端有垫圈,左端有调整垫圈、环、开口销,限定螺杆在固定钳身中的轴向位置。螺杆与螺母块用矩形螺纹旋合,活动钳身装在螺母块上方的定心圆柱中,并由螺钉固定。固定钳身与活动钳身装有护口铁,用十字槽沉头螺钉紧固。调整螺钉,可使螺母与螺杆之间的松紧程度达到最佳工作状态。图3-70 所示为机用虎钳分解图。

图 3-69　机用虎钳轴测图　　　　　　　图 3-70　机用虎钳分解图

二、机用虎钳的拆卸顺序及装配示意图

1. 机用虎钳的拆卸顺序

（1）拆去压紧螺钉,取下活动钳身。在压紧螺钉的顶面有两孔,是供拆装用的。在拆卸时可用有带爪专用扳手伸入螺钉孔内左旋使压紧螺钉松开。

（2）拆去开口销,脱下圆环,用扳手左旋丝杠,直到丝杠与丝杠螺母脱开。以后将丝杠由固定钳身的端口取出。

（3）用螺丝刀拧下固定钳身两个螺钉,取下钳口板。活动钳身上钳口板和螺钉可不拆卸,因为活动钳身上钳口板结构与固定钳身上钳口板对称。

（4）装配时按照拆卸的反过程操作即可。

拆卸机用虎钳的注意事项：

（1）由于螺钉体积较小，取下钳口板后，要把两个螺钉立即旋入钳身的螺孔内，防止螺钉丢失。

（2）从丝杠上拆下丝杠螺母后，把垫圈和圆环套在丝杠上，把销复位，防止零件丢失。

（3）如制图测绘使用的机用虎钳，主要零件是用材质软的铝合金制成，在拆卸时不要磕碰，不能乱扔，以免损伤机件表面。

2. 机用虎钳装配示意图

装配示意图是以简单的线条和国标规定的简图符号，以示意方法表示每个零件的位置、装配关系和部件工作情况的记录性图样。机用虎钳装配示意图如图 3-71 所示。

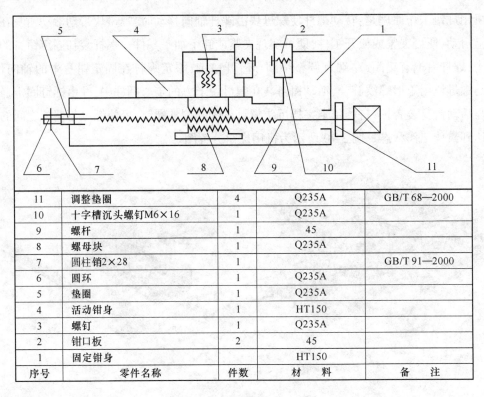

11	调整垫圈	4	Q235A	GB/T 68—2000
10	十字槽沉头螺钉M6×16	1	Q235A	
9	螺杆	1	45	
8	螺母块	1	Q235A	
7	圆柱销2×28	1		GB/T 91—2000
6	圆环	1	Q235A	
5	垫圈	1	Q235A	
4	活动钳身	1	HT150	
3	螺钉	1	Q235A	
2	钳口板	2	45	
1	固定钳身		HT150	
序号	零件名称	件数	材　　料	备　　注

图 3-71　机用虎钳装配示意图

画装配示意图应注意以下几点：

（1）对零件的表达通常不受前后层次的限制，尽可能将所有零件集中在一个视图上表达。如仅用一个视图难以表达清楚时，也可补画其他视图。

（2）图形画好后应将零件编号或写出零件名称，凡是标准件应定准标记。

三、机用虎钳零件草图制图测绘

机用虎钳零件草图制图测绘步骤：

（1）根据零件的总体尺寸和大致比例，确定图幅；画边框线和标题栏；布置图形，定出各视图位置，画主要轴线、中心线或作图基准线。布置图形还应考虑各视图间应留有足够位置标注尺寸。

（2）目测徒手画图形。先画零件主要轮廓，再画次要轮廓和细节，每一部分都应几个视图对应起来画，以对正投影关系，逐步画出零件的全部结构形状。

（3）仔细检查，擦去多余线；再按规定线型加深；画剖面线；确定尺寸基准，依次画出所有的尺寸界线、尺寸线和箭头。

（4）测量尺寸，协调联系尺寸，查有关标准校对标准结构尺寸，这时才能依次填写尺寸数字和必要的技术要求；填写标题栏，完成零件草图的全部工作。

1. 固定钳身的草图制图测绘

1）固定钳身的作用与结构特点

固定钳身是机用虎钳的主要零件，一是用来作为支承固定螺杆的座体，二是能够装入螺母块，并使螺母块带动活动钳身沿着固定钳身上导面来回移动。固定钳身实际就是一个座体，底部两端有两个支承轴孔，座体内空腔有工字槽，是为了装入螺母块，上面有导面，使得活动钳身在导面上滑动，凸起的部分开有螺孔，用螺钉连接钳口板。固定钳身底部两侧对称设有两个安装螺栓孔。

2）固定钳身的草图画法

固定钳身零件草图画法如图 3-72 所示，画法步骤如下：

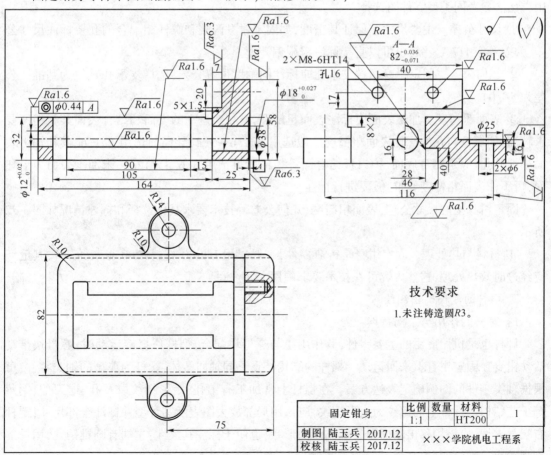

图 3-72　固定钳身零件草图

（1）确定表达方案。固定钳身结构比较复杂，通常要选择三个基本视图。主视图的选择应按照工作位置时放置，选择外形特征较明显的一面作为投影方向，并选择沿对称面剖切的全剖视图表达内部结构。左视图采用沿安装孔轴线剖切的半剖视表达方法，将固定钳身空腔的断面结构和安装护口板的两个螺孔的分布情况表达清楚。俯视图主要是表达外形，加一局部剖视表达螺孔的深度。固定钳身是铸造零件，其铸造圆角、拔模斜度等铸造工艺结构都要表达清楚。铸造零件上常有砂眼、气孔等铸造缺陷，以及长期使用后造成的磨损、碰伤使得零件变形、缺损等，画草图时要修正恢复原形后表达清楚。

（2）标注零件尺寸。首先要分析确定固定钳身长、宽、高三个方向的尺寸基准。固定钳身的长度方向尺寸基准应选择空腔内右表面作为主要基准；宽度尺寸方向的主要基准选择对称面；高度方向尺寸主要基准应选择固定钳身的底面。

零件上的螺纹尺寸测出之后，查阅相应的国家标准选用标准值。

固定钳身两端支承孔尺寸精度要求较高，其尺寸误差影响螺杆传动精度和工作性能，要采用游标卡尺或千分尺用正确测量方法量取。凡轴与孔的配合尺寸，其基本尺寸应相同，各径向尺寸应与相配合零件的关联尺寸应一致。

（3）标注技术要求。固定钳身零件上的尺寸公差、表面粗糙度、几何公差等技术要求可采用类比法参考同类型零件图选择。

① 尺寸公差。主要尺寸应保证其精度，如固定钳身两端和螺杆相配合的孔要标注尺寸公差，公差等级 IT7～8 级，也可以直接标注极限偏差值。

② 几何公差。固定钳身两端支承孔应标注同轴度位置公差，选择支承孔轴线为基准。公差为 $\phi 0.04$。

③ 表面粗糙度。加工表面应标注表面粗糙度，有相对运动的表面和结合表面其粗糙度要求较高，如螺杆与孔的配合表面粗糙度一般选用 $Ra1.6～3.2$，导向面选用 $Ra1.6$，其他加工表面如螺栓孔、固定钳身底面、护口板结合面等粗糙度可选用 $Ra6.3～12.5$，未加工表面为毛坯面，可不作表面粗糙度要求，但要进行标注。

固定钳身上的尺寸公差、表面粗糙度、几何公差等技术要求具体选择和标注情况如图 3-72 所示。

④ 材料与热处理。固定钳身是铸造零件，一般采用 HT200 材料（200 号灰铸铁），其毛坯应经过时效热处理，这些内容可在技术要求中用文字注写。

2. 螺杆的草图制图测绘

1）螺杆的作用与结构特点

螺杆也是机用虎钳的主要零件，其作用是与螺母块配合，螺杆作螺旋运动时，螺母块带动活动钳身在固定钳身上来回运动。螺杆的结构特点是同轴回转体，螺杆为典型的轴类零件，可根据轴类零件的图例确定表达方案。在螺杆上常加工有销孔、矩形螺纹以及孔、退刀槽、倒角等工艺结构。螺杆上的螺纹为矩形螺纹，应该用局部放大图表示其牙型并标注全部尺寸；螺杆右端为方榫，应该用移出断面图表示其断面形状，也便于标注其尺寸；左端有圆锥销孔，用局部剖视图表达并注明"配作"。

2）螺杆草图画法

分析螺杆的结构特点后,要画出螺杆零件草图,如图 3-73 所示为螺杆的零件草图。

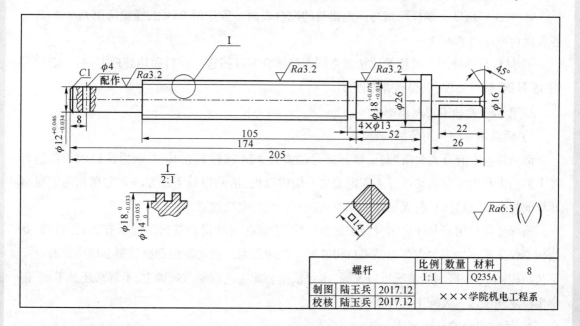

图 3-73　螺杆零件草图

（1）确定表达方案。根据螺杆的结构特点,选择以螺杆的工作位置(轴线为水平位置)作为主视图的投影方向,螺杆上的方头、销孔可采用移出断面图表达,中心孔可采用局部剖视图表达,螺纹等细小结构可采用局部放大图来表达。螺杆的草图应尽量采用 1:1 比例。

（2）标注零件尺寸。零件草图画好以后,应标注尺寸,首先分析确定尺寸基准。螺杆的轴向尺寸基准(长度尺寸基准)一般选择螺杆的定位端面(轴肩面)为主要基准,根据结构和工艺要求,选择轴的两头端面为辅助基准。轴的径向尺寸是以轴线为主要基准。

螺纹、销孔尺寸测出之后,要查阅相关标准选取最接近的标准值,并按照规定标注方法进行标注。工艺结构如螺纹退刀槽、砂轮越程槽、倒角的尺寸尽量要按照常见结构标注方法进行标注或在技术要求中用文字说明,其他尺寸测出后要圆整。

螺杆与固定钳身上孔的配合尺寸精度要求较高,要采用游标卡尺或千分尺测量。凡轴与孔的配合尺寸,其基本尺寸应相同,各部分的尺寸应与其他相配合零件的关联尺寸应一致。具体测量方法参看第二篇零部件的尺寸测量相关内容。

（3）标注技术要求。螺杆是机用虎钳的主要零件,其尺寸精度、表面质量要求比较高,因此要标注相应的技术要求。

① 尺寸公差。螺杆两端与固定钳身的配合精度等级,一般选用 IT6 ~ IT7 级,也可以直接标注极限偏差值。尺寸公差选择可参照前第二篇典型零件制图测绘方法中"轴套类零件的制图测绘"相关内容。

② 几何公差。螺杆的几何公差一般不提出专门要求,如有要求的可类比轴类零件确定几何公差项目和公差等级。螺杆的几何公差如有要求可在 $\phi12$ 和 $\phi18$ 两柱面确定同轴公差,且 $\phi26$ 台阶内端面应与丝杠轴线垂直。以上几何公差数值选择可参照前第二篇典型零件制图测绘方法

中"轴套类零件的制图测绘"相关内容。也可查有关技术手册确定,并应用符号标注在图面上。

③ 表面粗糙度。螺杆两端与固定钳身的配合表面一般选用 $Ra3.2$,螺纹选用 $Ra3.2$,其余各表面均可选用 $Ra6.3$。

④ 材料与热处理。可用类比法参考同类型螺杆零件图选择材料和热处理方法,一般应采用 45 号钢,调质处理,以提高螺杆硬度。

3. 活动钳身的草图制图测绘

1)活动钳身的作用与结构特点

活动钳身上有垂直台阶圆孔,螺杆螺母的直径 $\phi24$ 圆柱装在其中;压紧螺钉的头部包容在上部的大孔内。在活动钳身上固定着另一块钳口板,活动钳身下部 80×6 方槽和固定钳身导轨面配合,形成导轨副,无疑这一摩擦面应有一定的完整性要求。

为保证活动钳身和固定钳身装配的合理性,通常在活动钳身槽角部加工有 2×2 斜槽,此结构不仅是零件加工的需要也是平口钳装配工艺的需要。此次制图测绘模型上即使没有这一工艺结构,学生根据测绘情况可以不画,也可根据装配工艺性要求添画上,不管画还是不画,但学生都应知晓这一装配工艺性要求。

2)活动钳身的草图画法

活动钳身零件草图画法如图 3-74 所示,画法步骤如下:

(1)确定表达方案。活动钳身形体结构虽不复杂,但和轴套类、轮盘类零件有着本质上的区别,毛坯通常为铸件,其内外结构均要表达,且有一定尺寸公差要求。为清楚表达出活动钳身的内外结构,需要采用主、俯、左三个视图,主视图采用全剖,重点表达其内部结构,俯视图采用一处局部剖视图,局部剖视图表达活动钳身的两个螺纹孔,左视图由于其结构前后对称,且内、外部结构在其他视图已基本表达清楚,因此可采用半剖视图、局部视图或局部剖视图来进一步表达活动钳身上螺纹孔的分布情况和底部凸耳结构,其对称情况可通过对称结构的尺寸标注来体现。

(2)标注零件尺寸。活动钳身结构不是很复杂,且长、宽、高基准较明显,尺寸标注如图 3-74 所示。

(3)标注技术要求。活动钳身也是机用虎钳的主要零件,其中间的孔及其与螺母块相配合的表面有一定的尺寸精度、表面质量要求,因此要标注相应的技术要求,但精度视机用虎钳适应场合,本次制图测绘用虎钳要求均不是太高。

① 尺寸公差。活动钳身与螺母块的配合精度等级,一般选用 IT7 ~ IT8 级,也可以直接标注极限偏差值,尺寸公差标注如图 3-74 所示。尺寸公差选择可参照前第二篇典型零件制图测绘方法中相关内容。

② 几何公差。活动钳身的几何公差一般不提出专门要求,如有要求的结构同尺寸公差,如活动钳身 82×25 方槽两侧的相互应垂直,且两对平面应有平行度要求,导轨面的平面度要求。也可类比同类零件确定几何公差项目和公差等级。本次测绘没有几何公差要求。

③ 表面粗糙度。活动钳身的表面粗糙度要求同尺寸公差,活动钳身与螺母块的配合面和

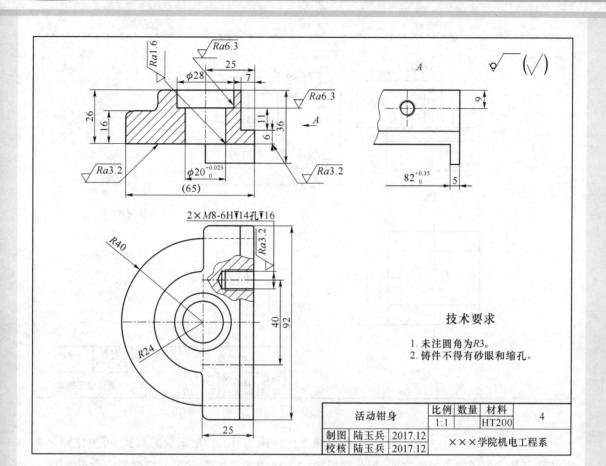

图3-74　活动钳身零件草图

82×25 方槽两面的表面粗糙度要求相对较高,一般选用 $Ra1.6 \sim Ra3.2$,其他加工面均可选用 $Ra6.3$,其余各非加工面为毛坯面。

④ 材料与热处理。可用类比法参考同类型零件图选择材料和热处理方法,活动钳身材料一般应采用 HT200,其毛坯应经过时效热处理,以提高机械加工性能。

4. 螺母块的草图制图测绘

1)螺母块的作用与结构特点

螺母块外形为上柱下方的台阶形。螺母块与固定钳身的上、下对应平面为导轨副,纵向滑动的动力来自与其旋合的丝杠(梯形螺纹)。与活动钳身的连接是相同基本尺寸 $\phi28$ 的轴孔配合。螺母块上部的螺纹孔是压紧螺钉实现螺纹连接的。压紧螺钉旋入的松紧程度应保证丝杠钳身一级台阶上平面和活动钳身平面的组合槽型距离,恰好固定钳身矩形导轨上、下面间高度尺寸,且形成间隙配合。这一榫槽配合的另一作用是可防止夹紧工件时,活动钳身向上翘起,把螺杆弄弯。

2)螺母块的草图画法

螺母块零件草图画法如图3-75所示,画法步骤如下:

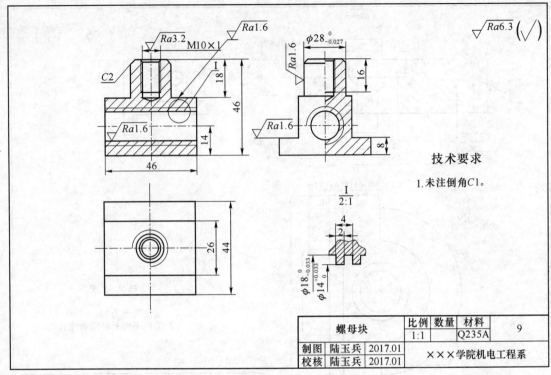

图 3-75 螺母块零件草图

（1）确定表达方案。从结构上看,螺母块主体结构为带有梯形螺纹的圆孔,可类比轴套类零件确定其主视图的主投影方向,因此螺母块的主视图的主投影方向可按梯形螺纹孔的加工位置确定,螺母块的主视图的主投影方向也可按工作位置考虑放置。由于螺母块上方有和螺钉配合的螺纹孔和梯形螺纹孔端面均需要表达,因此需配置有除主视图以外的左视图和俯视图。梯形孔和螺纹孔内部结构在主视图表达较合理,因此主视图选用全剖视图,重点表达内部形状;左视图为外形图,除表达梯形螺纹孔端面结构外,重点是表达外形,俯视图除表达螺钉孔端面结构外也可表达螺母块外部形状。螺母块与螺杆是旋合的,也应该用局部放大图表示其牙型为梯形螺纹,并方便标注尺寸。

（2）标注零件尺寸。螺母块结构较简单,可根据其外部结构确定其尺寸标注方法,且长、宽、高基准较明显,长度基准为螺钉孔轴线,高度基准为螺母块底面,宽度基准为梯形螺纹孔轴线,尺寸标注如图 3-75 所示。

（3）标注技术要求。为了保证螺母的正常移动,螺母下部长方形块的上表面与螺孔轴线的相互位置应该有尺寸公差的要求,可选用 h8。梯形螺纹孔是重要配合面也应标注尺寸公差。尺寸公差标注如图 3-75 所示。螺母块如没有特殊要求,可不作几何公差要求,可不进行几何公差标注。螺母块各表面的表面粗糙度可按移动配合面选择 $Ra1.6$,一般配合面选择 $Ra3.2$,其他加工面选择 $Ra6.3$,其他为毛坯面。

5. 钳口板的草图制图测绘

1）钳口板的作用与结构特点

钳口板是机用虎钳直接夹紧工件（物体）的长方体零件,共有两个,分别各用两个螺钉装配在活动钳身和固定钳身上。钳口板结构简单,视图表达采用一个主视图和一个左视图,主投影方向根据其工作位置确定,主要表达钳口板外部结构,左视图采用全剖,用来表达内部螺钉孔结构形状。钳口板各尺寸均按未注公差处理,无几何公差要求,该零件的表面粗糙度指标根据表面作用,可在 $Ra6.3$ 或 $Ra12.5$ 中选择,钳口板的草图如图 3-76 所示。

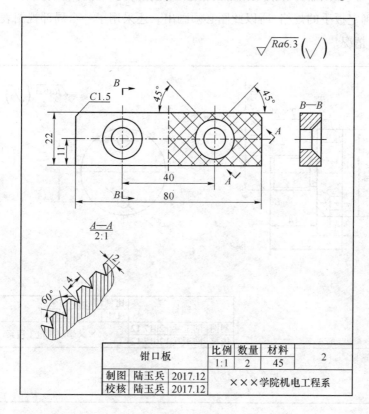

图 3-76　钳口板零件草图

6. 其他零件的草图制图测绘

机用虎钳除了以上各零件在测绘时需要完整绘制出零件工作图外,还有螺钉、圆环、调整垫圈和垫圈等零件,这些零件也可视为机用虎钳专用零件,也可视为常用件（标准件）,测绘时可不画其零件工作图,此处视为机用虎钳专用零件,但由于其结构简单,不再说明测绘过程,仅给零件参考图。如图 3-77 所示螺钉零件草图,如图 3-78 所示圆环零件草图,如图 3-79 所示调整垫圈和垫圈零件草图。

四、机用虎钳装配图画法

1. 机用虎钳装配图的表达方案

图 3-80 为机用虎钳装配图。从图中看出,机用虎钳选择了三个基本视图,主视图根据机用虎钳的工作位置原则放置,选择了能够较多反映出外形特征和各组成零件装配位置作为主视图投影方向（以垂直于螺杆轴线的方向为主视图的投影方向）,通过虎钳的前后对称面作全

剖视图,表达了各零件之间的上下位置和左右位置,以及装配关系、工作原理和传动路线。俯视图画出虎钳的外形和各零件的前后位置,右上方在护口板和固定钳身之间用螺钉连接处作局部剖,表达钳口板和固定钳身的连接。左视图采用半剖视,画剖视图的一半表达固定钳身与活动钳身及螺母块三个零件间的连接关系,未剖的一半表达外形,补充反映主视图没反映清楚的螺母和固定钳身、固定钳身和活动钳身的接触和配合情况。螺杆右端的断面图,反映断面形状和大小,据此确定扳手的规格,所以此图必须画出。还采用了一个局部视图表达钳口板的外形及螺钉的分布情况。

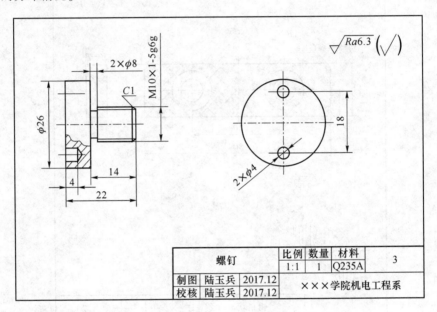

螺钉		比例	数量	材料	3
		1:1	1	Q235A	
制图	陆玉兵	2017.12	×××学院机电工程系		
校核	陆玉兵	2017.12			

图 3-77 螺钉零件草图

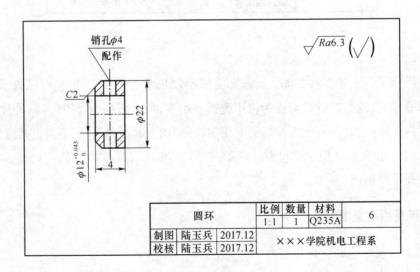

圆环		比例	数量	材料	6
		1:1	1	Q235A	
制图	陆玉兵	2017.12	×××学院机电工程系		
校核	陆玉兵	2017.12			

图 3-78 圆环零件草图

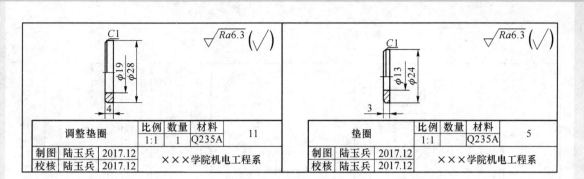

图 3-79　调整垫圈和垫圈零件草图

2. 机用虎钳装配图画法步骤

画机用虎钳装配图可一个视图一个视图地画,每个视图按装配顺序画,每个视图都从接触面开始画。比如主视图的画图顺序是:固定钳身,右端垫圈,螺杆,螺母块,活动钳身,螺钉,两个钳口板,螺杆左端的垫圈,标准件螺母。具体步骤为:

(1) 定比例、选图幅、布图。图形比例大小及图纸幅面大小应根据机用虎钳的大小、复杂程度,同时还要考虑尺寸标注、序号和明细表所占的位置综合考虑来确定。各视图布置是通过画各个视图的中心线、对称线或基准位置线来安排,如图 3-81 所示。

(2) 首先画主要零件或较大的零件视图轮廓线,如图 3-82 所示,根据固定钳身零件草图画出固定钳身各视图的轮廓线。

(3) 按照各零件的位置和装配关系画出其他零件视图的轮廓及局部结构,如图 3-83 所示,画螺杆、活动钳身、螺母块、钳口板和其他小零件。

(4) 画完视图之后,要进行检查修正,确定无误,按照图线的粗细要求和规格类型将图线描深加粗,如图 3-84 所示。

(5) 标注尺寸,注写技术要求,编写零件序号,填写标题栏和明细表,完成机用虎钳装配图,如图 3-80 所示。

装配图的尺寸与零件图不同,它主要注写的是反映装配体的性能或规格大小的尺寸、零件间有公差配合要求的配合尺寸、部件安装在机器上或安装在地基上进行连接固定所需的安装尺寸、总体尺寸及一些重要尺寸等。机用虎钳的尺寸有:$0 \sim 70$、$\square 14$ 为反映装配体的性能或规格大小的尺寸;$\phi12H8/f7$、$\phi18H8/f7$、$\phi20H8/h7$、$\phi92H8/f7$ 为配合尺寸;116、$2 \times \phi10$ 为安装尺寸;205、60 等为总体尺寸。

装配图中的所有零部件都要编号,而且应按顺时针或逆时针方向水平或垂直方向整齐排列。相应地在标题栏上方将每个零件自下而上列在明细表中,并且要把标准件的规定标记写在明细表中。

3. 机用虎钳装配图的尺寸标注

机用虎钳装配图应标注以下尺寸:

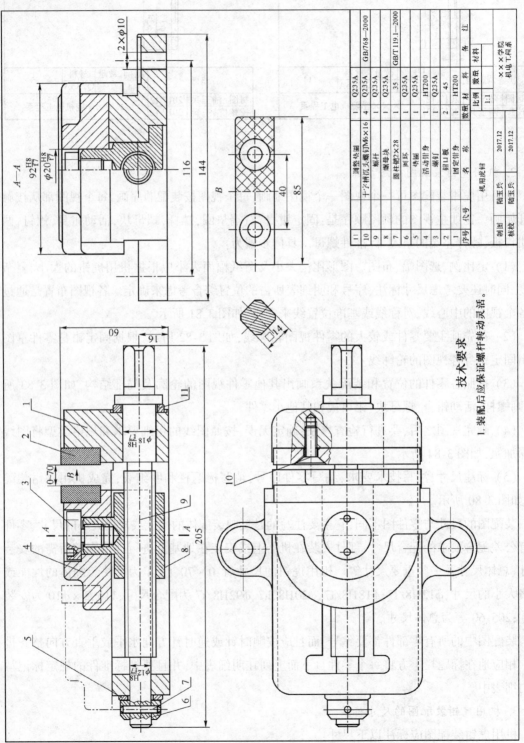

序号	代号	名 称	数量	材 料	备 注
11		调整垫圈	1	Q235A	
10		十字槽沉头螺钉M6×16	4	Q235A	GB/768—2000
9		螺杆	1	Q235A	
8		螺母块	1	Q235A	
7		圆柱销2×28	1	35	GB/T 119.1—2000
6		垫圈	1	Q235A	
5		活动钳身	1	HT200	
4		螺钉	1	Q235A	
3		钳口板	2	45	
1		固定钳身	1	HT200	

机用虎钳					
制图	陶玉兵	2017.12	比例	数量	材料
校核	陶玉兵	2017.12	1:1		
			×××学院 机电工程系		

技术要求

1. 装配后应保证螺杆转动灵活。

图 3-80　机用虎钳装配图

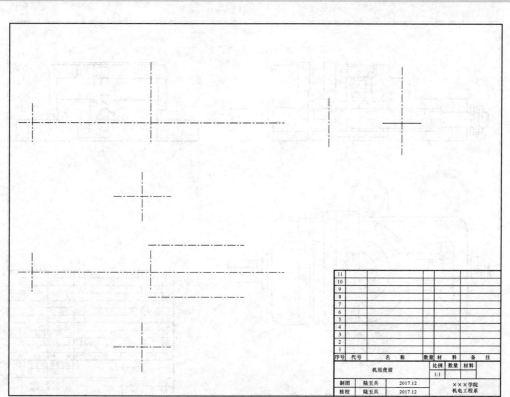

11					
10					
9					
8					
7					
6					
5					
4					
3					
2					
1					
序号	代号	名 称	数量	材 料	备 注

机用虎钳	比例	数量	材料	×××学院
	1:1			
制图	陆玉兵	2017.12		机电工程系
核校	陆玉兵	2017.12		

图 3-81 机用虎钳装配图画法步骤一 画各个视图的中心线、对称线或基准位置线

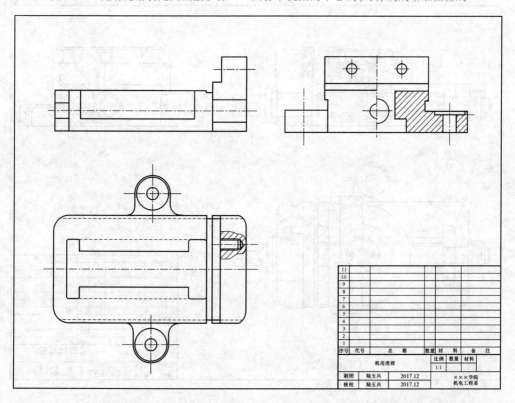

11					
10					
9					
8					
7					
6					
5					
4					
3					
2					
1					
序号	代号	名 称	数量	材 料	备 注

机用虎钳	比例	数量	材料	×××学院
	1:1			
制图	陆玉兵	2017.12		机电工程系
核校	陆玉兵	2017.12		

图 3-82 机用虎钳装配图画法步骤二 画出固定钳座各视图轮廓线

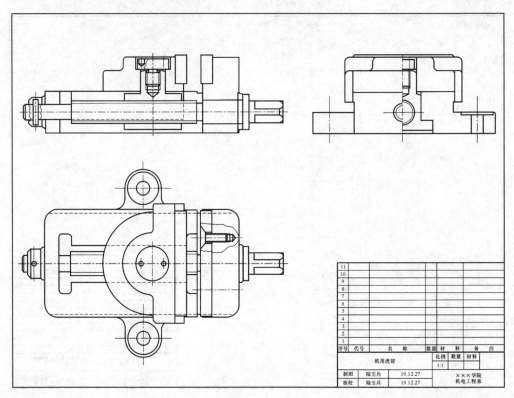

图 3-83　机用虎钳装配图画法步骤三　画出除固定钳座外各零件视图轮廓线

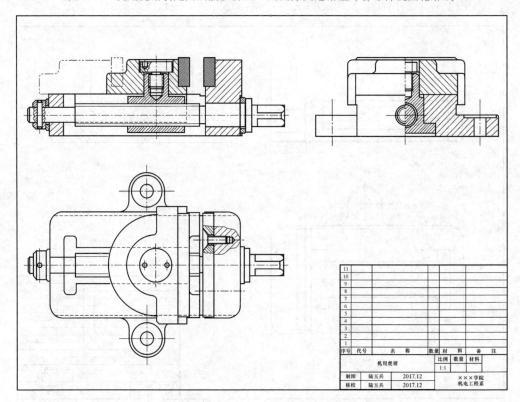

图 3-84　机用虎钳装配图画法步骤四　检查描深、填充剖面线

1）性能尺寸

机用虎钳的工作性能或规格尺寸，如图 3-80 所示，机用虎钳装配图的主视图中所标注的 0~70，是表明机用虎钳钳口板从闭合到开启最大位置的尺寸。

2）装配尺寸

（1）配合尺寸。说明零件尺寸大小及配合性质的尺寸，如螺杆与固定钳身支承孔的配合尺寸 $\phi12H8/f7$、$\phi18H8/f7$，螺母块与活动钳身的配合尺寸 $\phi20H8/f7$。

（2）轴线的定位尺寸。如主视图中螺杆轴线到固定钳身底面高度尺寸 16。

3）安装尺寸

说明机用虎钳安装到工作台上的安装定位尺寸，如左视图中两螺栓孔的中心距 116。

4）外形尺寸

说明机用虎钳外形最大尺寸，如总长尺寸 205，总高尺寸 60。

4. 机用虎钳装配图的技术要求

机用虎钳技术要求的注写有规定标注和文字注写两种，如图 3-80 所示，一般应包括下列内容：

（1）在装配过程中应满足配合要求的尺寸，如配合尺寸的基本偏差、精度等级、基准制度等。

（2）检验、试验的条件、规范以及操作要求，如技术要求中文字注明的"装配后应保证螺杆转动灵活"。

（3）机器或部件的规格、性能参数，使用条件及注意事项，可用文字在标题栏上方说明。

五、机用虎钳零件工作图画法

零件草图和装配图画完之后，主要依据零件草图，用尺规或计算机绘制出来的零件图样称为零件工作图，其画法步骤和绘制零件草图基本相似。绘制零件工作图不是简单地抄画零件草图，因为零件工作图是制造零件的依据，它要求比零件草图更加准确、完善，所以针对零件草图中视图表达方法、尺寸标注和技术要求注写存在不合理、不完整之处，在绘制零件工作图时要调整和修正。

在绘制零件工作图中，要注意各零件的配合尺寸、关联尺寸及其他重要尺寸应保持一致，要反复认真检查校核，以保证零件工作图内容的完整、正确。如图 3-85、图 3-86、图 3-87、图 3-88、图 3-89、图 3-90 所示的机用虎钳各零件工作图。

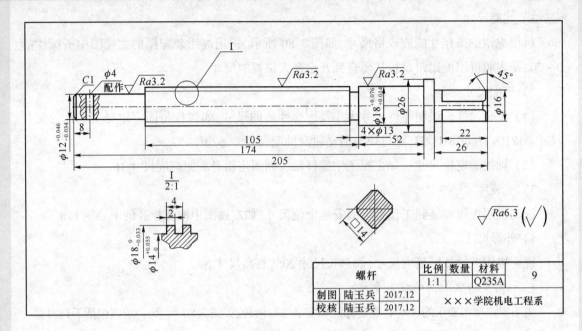

图 3-85　螺杆零件工作图

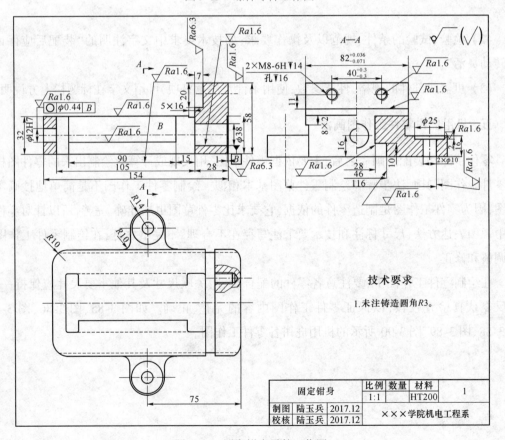

图 3-86　固定钳身零件工作图

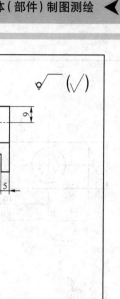

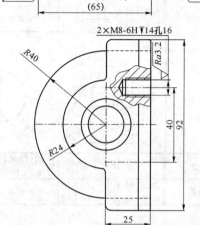

技术要求

1. 未注圆角为R3。
2. 铸件不得有砂眼和缩孔。

活动钳身	比例	数量	材料	
	1:1		HT200	4
制图 陆玉兵 2017.12			×××学院机电工程系	
校核 陆玉兵 2017.12				

图 3-87　活动钳身零件工作图

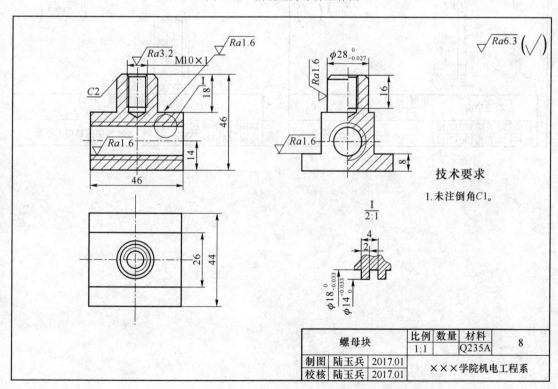

技术要求

1. 未注倒角C1。

螺母块	比例	数量	材料	
	1:1		Q235A	8
制图 陆玉兵 2017.01			×××学院机电工程系	
校核 陆玉兵 2017.01				

图 3-88　螺母块零件工作图

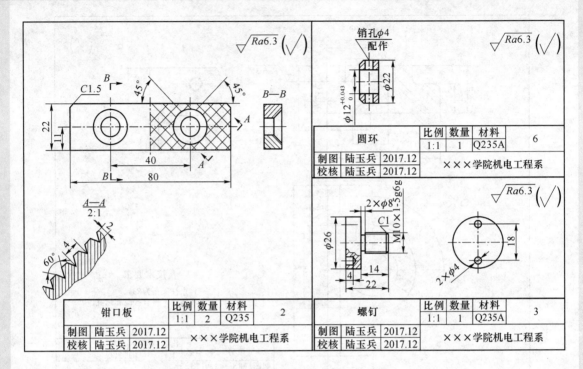

图 3-89　钳口板、圆环和螺钉零件工作图

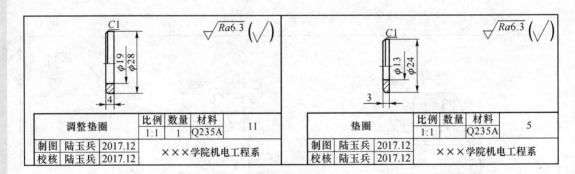

图 3-90　调整垫圈、垫圈零件工作图

第四篇 制图测绘总结、答辩

第一节 制图测绘报告书

一、制图测绘报告书的格式

制图测绘报告书是以书面形式对部件制图测绘后的一次总结汇报。制图测绘报告书应统一格式,按上述部件测绘内容及顺序表述,要求文字简明通顺、论述清楚、书写整齐。报告书的格式参见表4-1。

表 4-1　测绘报告

测绘地点			日期		年　月　日	
系		年级、专业、班		姓名		成绩
测绘名称				指导教师		
教师评语					教师签名: 年　月　日	
测绘目的						
测绘内容（纸不够可另附页）						
测绘步骤						
问题与收获						
注:请勿修改文档格式,只需填充内容即可。						

131

二、制图测绘报告书的内容

报告书中应分析论述下列内容(标"＊"为重点表述内容):

(1) ＊说明测绘对象的作用、工作原理及主要零部件视图表达的方案,尺寸标注和技术要求的注写依据(可参考测绘任务书);

(2) 简要分析部件装配图表达方案的选择理由,并说明各视图的表达意义;

(3) 简要说明部件各零件的装配关系以及各种配合尺寸的表达含意,主要零件结构形状的分析,零件之间的相对位置以及安装定位的形式;

(4) 简要说明装配图技术要求的类型以及表达含义;

(5) 简要说明装配图尺寸的种类,这些尺寸如何确定和标注;

(6) ＊说明制图测绘工作的具体步骤和装配图的画图步骤;

(7) 制图测绘的体会与总结。

第二节 答 辩

一、答辩的目的

答辩是制图测绘的最后一个环节,其目的是检查学生参与制图测绘的效果,以及在制图测绘学习中了解和掌握的程度。通过答辩让学生展示自己的制图测绘作品,并且全面分析检查制图测绘作业的优缺点,总结在制图测绘中的体会和所获得经验,进一步巩固和提高在机械制图课程中学习培养起来的解决工程实际问题的能力。同时,答辩也是评定学生成绩的重要依据。

二、答辩前的准备

答辩前应对制图测绘学习过程作一次回顾与总结,结合制图测绘作业复习总结部件的作用与工作原理,零部件制图测绘方法与步骤,视图表达方案的选择与画图步骤,零部件技术要求和尺寸的选择,测量工具及其使用方法等,并填写好制图测绘报告书。具体准备:

重新审核所绘制的零件工作图和装配图,检查是否存在视图表达不清楚和未表达的结构;查检尺寸标注是否存在遗漏和自相矛盾,尺寸公差标注是否合理;检查零件图几何公差和表面粗糙度标注是否合理,如没有较高要求尽量采用未注几何公差和未注表面粗糙度表示;检查装配图表达是否合理,标记是否齐全,如采用装配图特殊或简画表达方法,应严格按相关制图标准和规定执行;检查装配图尺寸和配合标注是否合理等,进一步系统熟悉所测绘对象。如指导老师发有答辩复习题,应认真复习答辩题目。

三、答辩方式

制图测绘答辩方式和课程设计答辩方式相同,通常有以下几种:

（1）学生展示制图测绘作业,分析论述制图测绘部件的作用与工作原理;主要零件的视图、装配图视图是如何选择的,各视图重点表达的内容;各零件之间的装配关系以及配合尺寸的选择与表达含意;技术要求是如何选择的及表达含意;尺寸的类型、基准的选择与标注方法,主要就是制图测绘报告书的内容。

（2）学生现场抽 2~3 道答辩题,根据题目回答问题。

（3）根据情况由教师随机提出问题,要求学生回答。

四、答辩参考题

1. 齿轮油泵

（1）述说齿轮油泵的作用与工作原理。

（2）说明齿轮油泵的拆卸顺序。

（3）齿轮油泵装配图采用了哪些表达方法? 说明各视图的表达意义。

（4）齿轮油泵泵盖与泵座是靠什么连接和定位的? 并说出该连接件和定位件的标准尺寸。

（5）说明齿轮油泵中是什么类型的齿轮,齿数、模数是多少? 两齿轮中心距是多少?

（6）齿轮油泵透气装置有几个零件组成? 说明它的工作原理。

（7）齿轮油泵采用哪几种密封装置? 采用什么材料?

（8）轴与齿轮的配合尺寸有哪些? 并说明配合意义。

（9）两齿轮齿顶圆与泵体的配合尺寸是多少? 并说明配合意义。

（10）主动轴上有几个零件与其装配在一起? 说出装配连接关系。

（11）说明齿轮油泵的总体尺寸、安装尺寸和工作性能尺寸。

2. 一级圆柱齿轮减速器

（1）述说减速器的作用与工作原理。

（2）减速器装配图采用了哪些表达方法? 并说明各视图的表达意义。

（3）说出机箱的作用与主要结构特点。

（4）说明主动轴上各零件的装配顺序和配合关系。

（5）减速器的机盖与机箱是怎样连接和定位的? 说出连接件和定位件的结构尺寸。

（6）减速器采用了哪些密封结构?

（7）主动齿轮轴与滚动轴承配合关系如何? 说明配合意义。

（8）减速器中齿轮是什么类型,齿数、模数是多少? 两齿轮齿数比是多少?

（9）从动轴与齿轮靠什么连接在一起,说出它的连接方式。

（10）说明减速器的总体尺寸、安装尺寸和工作性能尺寸。

3. 机用虎钳

（1）述说机用虎钳的作用与工作原理。

（2）机用虎钳装配图采用了哪些表达方法? 说明各视图的表达意义。

（3）说明螺杆的结构特点和作用。

（4）说明活动钳身、方螺母、螺钉和螺杆的装配连接关系。

（5）连接钳口板共有几个螺钉？说出螺钉标注代号的含意。

（6）标注 $\phi18H8/f8$ 是哪两个零件之间的配合，说出配合的含意。

（7）说明机用虎钳的拆卸顺序。

（8）说明螺杆沿轴向是怎样定位的？起定位作用的部分是由哪几个零件组成？

（9）说明机用虎钳的总体尺寸、安装尺寸和工作性能尺寸。

附 录

附录一　常见的机构运动简图符号（GB 4460—1984）

机构名称	基本符号	可用符号	机构名称	基本符号	可用符号
平面机构 连杆 曲柄 （或摇杆） 偏心轮 导杆 滑块			槽轮机构 一般符号 外啮合 内啮合		
机架 轴、杆 组成部分 与轴(杆)的 固定连接 轴上飞轮			电动机 一般符号 装在支架上 的电动机		
			联轴器 一般符号 固定联轴器 可移式联轴器 弹性联轴器		
摩擦传动 圆柱轮 圆锥轮 可调圆锥轮 可调冕状轮			凸轮机构 盘形凸轮 圆柱凸轮 尖顶 曲面 滚子		

机构名称	基本符号	可用符号	机构名称	基本符号	可用符号
齿轮机构 圆柱齿轮			向心轴承 普通轴承 滚动轴承		
圆锥齿轮			推力轴承 单向推力 双向推力		
蜗杆蜗轮			推力滚动轴承 单向向心推 力普通轴承 双向向心推 力普通轴承 向心推力 滚动轴承		
齿轮齿条					
扇形齿轮					
离合器 单向啮合 式离合器			弹簧 压缩弹簧		
双向摩擦 式离合器			拉伸弹簧		
单向式			扭转弹簧		
双向式			涡卷弹簧		
电磁离合器			挠性传动 带传动		
安全离合器			链传动		
有易损件 安全离合器					
无易损件 制动器			整体螺母传动 挠性轴传动		

附录二　标准归档图纸折叠方法（GB/T 10609.3—2009）

一、要求装订归档的

1. A0 图纸折叠成 A4，需装订，留边：按附图 2-1 中的顺序和尺寸，折完后图号在上，有装订边。A0 折叠成 A4 的方法如附图 2-1 所示。

2. A1 图纸折叠成 A4，需装订，留边：按附图 2-2 中的顺序和尺寸，折完后图号在上，有装订边。A1 折叠成 A4 的方法如附图 2-2 所示。注意折叠顺序和尺寸。

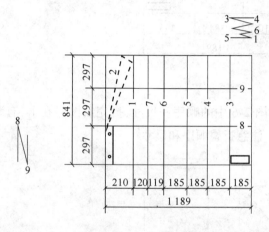

附图 2-1　A0 折叠成 A4

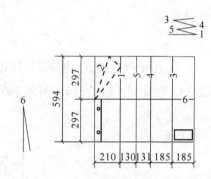

附图 2-2　A1 折叠成 A4

3. A2 图纸折叠成 A4，需装订，留边：按附图 2-3 中的顺序和尺寸，折完后图号在上，有装订边。A2 折叠成 A4 的方法如附图 2-3 所示。注意折叠顺序和尺寸。

4. A3 图纸折叠成 A4，需装订，留边：按附图 2-4 中的顺序和尺寸，折完后图号在上，有装订边。A3 折叠成 A4 的方法如附图 2-4 所示。注意折叠顺序和尺寸。

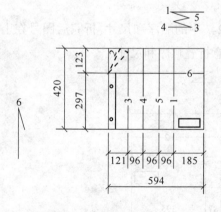

附图 2-3　A2 折叠成 A4

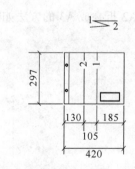

附图 2-4　A3 折叠成 A4

二、各种尺寸的图纸折成 A3 的方法与 A4 类似，但 A3 一般横向装订，尺寸有所不同

1. A0 图纸折叠成 A3，需装订，留边：按附图 2-5 中的顺序和尺寸，折完后图号在上，有装订边。A0 折叠成 A3 的方法如附图 2-5 所示。注意折叠顺序和尺寸。

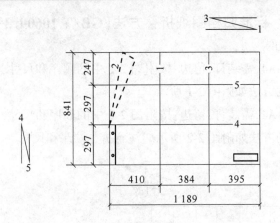

附图 2-5　A0 图纸折叠成 A3

2．A1 图纸折叠成 A3，需装订，留边：按附图 2-6 中的顺序和尺寸，折完后图号在上，有装订边。A1 折叠成 A3 的方法如附图 2-6 所示。注意折叠顺序和尺寸。

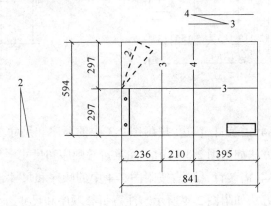

附图 2-6　A1 折叠成 A3

3．A2 图纸折叠成 A3，需装订，留边：按附图 2-7 中的顺序和尺寸，折完后图号在上，有装订边。A2 折叠成 A3 的方法如附图 2-7 所示。注意折叠顺序和尺寸。

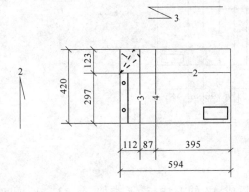

附图 2-7　A2 折叠成 A3

三、不需要装订的图纸折叠方法

不需要装订的图纸折起来要简单一些，各种尺寸图纸折叠方法如下：

1. A0 图纸折叠成 A4：按附图 2-8 中的顺序和尺寸，折完后图号在上。A0 折叠成 A4 的方法如附图 2-8 所示。注意折叠顺序和尺寸。

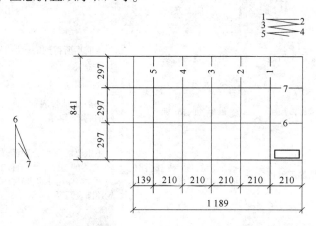

附图 2-8　A0 图纸折叠成 A4（不装订）

2. A1 图纸折叠成 A4：按附图 2-9 中的顺序和尺寸，折完后图号在上。A1 折叠成 A4 的方法如附图 2-9 所示。注意折叠顺序和尺寸。

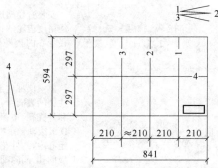

附图 2-9　A1 图纸折叠成 A4（不装订）

3. A2 图纸折叠成 A4：按附图 2-10 中的顺序和尺寸，折完后图号在上。A2 折叠成 A4 的方法如附图 2-10 所示。注意折叠顺序和尺寸。

4. A3 图纸折叠成 A4：按附图 2-11 中的顺序和尺寸，折完后图号在上。A3 折叠成 A4 的方法如附图 2-11 所示。注意折叠顺序和尺寸。

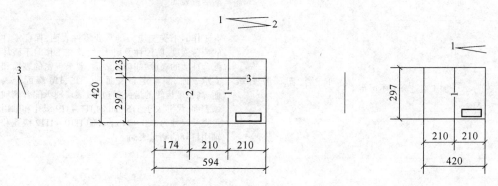

附图 2-10　A2 图纸折叠成 A4（不装订）　　　　　附图 2-11　A3 图纸折叠成 A4（不装订）

附录三 表面粗糙度评定参数 *Ra* 数值及其对应的表面粗糙度表面特征和加工方法

表面粗糙度 $Ra_{max}/\mu m$	表面形状特征	加工方法	应用举例
25、50	明显可见刀痕	粗车、镗、钻、刨	粗制后所得到的粗加工面,焊接前的焊缝、粗钻孔壁等
12.5	可见刀痕	粗车、刨、钻、铣	一般非结合表面,如轴的端面、倒角、齿轮及带轮的侧面、键槽的非工作表面,减重孔眼表面等
6.3	可见加工痕迹	车、镗、刨、钻、铣、磨、锉、粗铰、铣齿	不重要的非配合表面,如支柱、支架、外壳、衬套、轴、盖等的端面。紧固件的自由表面,紧固通孔的表面,内、外花键的非定心表面,不作为计量基准的齿轮顶圆表面等
3.2	微见加工痕迹	车、镗、刨、铣、铰、拉、磨、滚压、刮 1~2 点/cm²、铣齿	与其他零件连接不形成配合的表面,如外壳、端盖等零件的端面。要求有定心及配合特性的固定支承面,如定心的轴肩、键和键槽的工作表面,不重要的紧固螺纹的表面、需要滚花或氧化处理的表面等
1.6	看不清加工痕迹	车、镗、拉、磨、铣、铰、刮 1~2 点/cm²、磨、滚压	安装直径超过 80 mm 的 G 级轴承的外壳孔,普通精度齿轮的齿面,定位销孔,V 带轮的表面,外径定心的内花键外径,轴承盖的定心凸肩表面等
0.8	可辨加工痕迹的方向	车、磨、立铣、刮 3~10 点/cm²、镗、拉、滚压	要求保证定心及配合特性的表面,如锥销与圆柱销的表面,与 G 级精度滚动轴承相配合的轴颈和外壳孔,中速转动的轴颈,直径超过 80 mm 的 E、D 级滚动轴承配合的轴颈及外壳孔,内、外花键的定心内径,外花键键侧及定心外径,过盈配合 IT7 级的孔,间隙配合 IT8~IT9 级的孔,磨削的齿轮表面等
0.4	微辨加工痕迹的方向	铰、磨、镗、拉、刮 3~10 点/cm²、滚压	要求长期保持配合性质稳定的配合表面,IT7 级的轴、孔配合表面,精度较高的轮齿表面,受变应力作用的重要零件,与直径小于 80 mm 的 E、D 级轴承配合的轴颈表面,与橡胶密封件接触的表面,尺寸大于 120 mm 的 IT13~IT16 级孔和轴用量规的测量表面
0.2	加工痕迹方向不可辨	布轮磨、磨、研磨、超级加工	工作时承受变应力的重要零件表面,保证零件的疲劳强度、防蚀性及耐久性,并在工作时不破坏配合性质的表面,如轴颈表面、要求气密的表面和支承表面、圆锥定心表面等。IT5、IT6 级配合表面、高精度齿轮的齿面、与 C 级滚动轴承配合的轴颈表面,尺寸大于 315 mm 的 IT7~IT9 级孔和轴用量规及尺寸为 120~315 mm 的 IT10~IT12 级孔和轴用量规的测量表面

表面粗糙度 $Ra_{max}/\mu m$	表面形状特征	加工方法	应用举例
0.1	暗光泽面		工作时承受较大变应力作用的重要零件的表面,保证精确定心的锥体表面,液压传动用的孔表面,气缸套的内表面,活塞销的外表面,仪器导轨面,阀的工作面,尺寸小于 120 mm 的 IT10 ~ IT12 级孔和轴用量规测量面等
0.05	亮光泽面		保证高气密性的接合表面,如活塞、柱塞和气缸内表面,摩擦离合器的摩擦表面,对同轴度有精确要求的轴和孔,滚动导轨中的钢球或滚子和高速摩擦的工作表面
0.025	镜状光泽面	超级加工	高压柱塞泵中柱塞和柱塞套的配合表面,中等精度仪器零件配合表面,尺寸大于 120 mm 的 IT6 级孔用量规、尺寸小于 120 mm 的 IT7 ~ IT9 级轴用和孔用量规测量表面
0.012	雾状镜面		仪器的测量表面和配合表面,尺寸超过 100 mm 的块规工作面
0.008			块规的工作表面,高精度测量仪器的测量面,高精度仪器摩擦机构的支承表面

附录四 常用热处理和表面处理

名词	代号及标注示例	说明	应用
退火	Th	将钢件加热到临界温度以上（一般是710℃~715℃,个别合金钢800℃~900℃）30℃~50℃,保温一段时间,然后缓慢冷却（随炉冷却）	1. 用来消除铸、锻、焊零件内应力 2. 降低硬度,便于切削加工 3. 细化及均匀化组织,增加韧性
正火	Z	将钢件加热到临界温度以上,保温一段时间,然后在空气中冷却（比退火快）	用来处理低碳和中碳结构钢及渗碳件使其组织细化,强度和韧性增加,改善低碳钢的切削加工性
淬火	C48（淬火后硬度48HRC）	将钢件加热到临界温度以上,保温一段时间然后在水或油中（个别合金钢在空气中）急速冷却,使材料得到高硬度	用来提高钢的硬度和强度极限,但同时会引起内应力增加使钢变脆（甚至会引起开裂和变形）,故淬火后必须回火
回火	H	回火是将淬硬的钢件加热到临界点以下的温度,保温一段时间然后在空气中或油中冷却下来	用来消除淬火后的脆性和内应力,提高钢塑性和冲击韧性。低温回火（150℃~250℃）,用于工具、刀具、模具等要求高硬度的材料。中温回火（350℃~450℃）,用于弹簧等弹性高的零件。高温回火（500℃~600℃）,见"调质"
调质	T	淬火后在450℃~650℃进行高温回火,称为调质	用来使钢获得高韧性和足够的强度,重要的齿轮、轴、丝杠等复杂受力构件都要调质处理
火焰淬火	H50	用火焰或高频电流将零件表面迅速加热至临界温度以上,急速冷却	使零件表面获得高硬度,心部保持一定韧性,使零件既耐磨又能受冲击
高频淬火	C52		
渗碳淬火	S0.5~C59（渗层0.5 mm,59HRC）	在渗碳剂中将钢件加热到900℃~950℃,停留一定时间,将碳渗入钢表面深度约为0.5~2 mm,再淬火后回火	增加钢件耐磨性能、抗疲劳强度,适用于低碳（C<0.3%）结构钢的中小型零件
氮化	D0.3-900（氮化深0.3,硬度HV900）	氮化是在500℃~600℃通入氨的炉子内热,向钢的表面渗入氮原子的过程。氮化层为0.025~0.8 mm,氮化时间需40~50 h	增加钢件的耐磨性能、表面硬度、疲劳强度和抗蚀性。用于在腐蚀性气体、液体介质中工作并有耐磨性要求的零件
时效	时效处理	低温回火后,精加工之前,加热到100℃~160℃,保持10~40 h。对铸件也可用天然时效（放在露天中一年以上）	使工件消除内应力和稳定形状,用于量具、精密丝杠、导轨等
发蓝发黑	发蓝或发黑	将金属零件放在很浓的碱和氧化剂溶液中加热氧化,使金属表面形成一层氧化物所组成的保护性薄膜	防腐蚀,美观。用于光学电子类零件或机械零件

附录五　普通螺纹收尾、肩距、退刀槽和倒角（摘录 GB/T 3—1997）

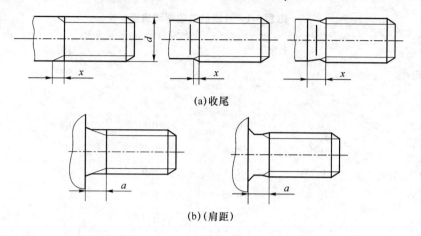

(a) 收尾

(b)（肩距）

附图 5-1　外螺纹的收尾和肩距

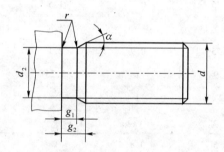

附图 5-2　外螺纹退刀槽

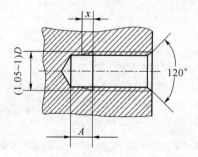

附图 5-3　内螺纹收尾和肩距

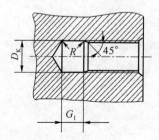

附图 5-4　内螺纹退刀槽

附表 5-1 外螺纹的收尾和肩距   mm

螺距 P	收尾 x max		肩距 a max		
	一般	短的	一般	长的	短的
0.2	0.5	0.25	0.6	0.8	0.4
0.25	0.6	0.3	0.75	1	0.5
0.3	0.75	0.4	0.9	1.2	0.6
0.35	0.9	0.45	1.05	1.4	0.7
0.4	1	0.5	1.2	1.6	0.8
0.45	1.1	0.6	1.35	1.8	0.9
0.5	1.25	0.7	1.5	2	1
0.6	1.5	0.75	1.8	2.4	1.2
0.7	1.75	0.9	2.1	2.8	1.4
0.75	1.9	1	2.25	3	1.5
0.8	2	1	2.4	3.2	1.6
1	2.5	1.25	3	4	2
3	7.5	3.8	9	12	6
3.5	9	4.5	10.5	14	7
4	10	5	12	16	8
4.5	11	5.5	13.5	18	9
5	12.5	6.3	15	20	10
5.5	14	7	16.5	22	11
6	15	7.5	18	24	12
参考值	≈2.5P	≈1.25P	≈3P	=4P	=2P

注:应优先选用"一般"长度的收尾和肩距;"短"收尾和"短"肩距仅用于结构受限制的螺纹件上;产品等级为 B 或 C 级的螺纹紧固件可采用"长"肩距。

附表 5-2　外螺纹的退刀槽　　　　　　　　　　　　　　　mm

螺距 P	g_2 max	g_1 min	d_2	r $\approx$
0.25	0.75	0.4	$d-0.4$	0.12
0.3	0.9	0.5	$d-0.5$	0.16
0.35	1.05	0.6	$d-0.6$	0.16
0.4	1.2	0.6	$d-0.7$	0.2
0.45	1.35	0.7	$d-0.7$	0.2
0.5	1.5	0.8	$d-0.8$	0.2
0.6	1.8	0.9	$d-1$	0.4
0.7	2.1	1.1	$d-1.1$	0.4
0.75	2.25	1.2	$d-1.2$	0.4
0.8	2.4	1.3	$d-1.3$	0.4
1	3	1.6	$d-1.6$	0.6
1.25	3.75	2	$d-2$	0.6
1.5	4.5	2.5	$d-2.3$	0.8
1.75	5.25	3	$d-2.6$	1
2	6	3.4	$d-3$	1
2.5	7.5	4.4	$d-3.6$	1.2
4	12	7	$d-5.7$	2
4.5	13.5	8	$d-6.4$	2.5
5	15	9	$d-7$	2.5
5.5	17.5	11	$d-7.7$	3.2
6	18	11	$d-8.3$	3.2
参考值	$\approx 3P$	—	—	—

注:

1. d 为螺纹公称直径代号。

2. d_2 公差为h13 ($d>3$ mm);
   　　　　h12 ($d\leqslant3$ mm)。

附表 5-3 内螺纹的收尾和肩距   mm

螺距 P	收尾 x max		肩距 A	
	一般	短的	一般	长的
0.2	0.8	0.4	1.2	1.6
0.25	1	0.5	1.5	2
0.3	1.2	0.6	1.8	2.4
0.35	1.4	0.7	2.2	2.8
0.4	1.6	0.8	2.5	3.2
0.45	1.8	0.9	2.8	3.6
0.5	2	1	3	4
0.6	2.4	1.2	3.2	4.8
0.7	2.8	1.4	3.5	5.6
0.75	3	1.5	3.8	6
0.8	3.2	1.6	4	6.4
1	4	2	5	8
1.25	5	2.5	6	10
1.5	6	3	7	12
1.75	7	3.5	9	14
2	8	4	10	16
2.5	10	5	12	18
3	12	6	14	22
3.5	14	7	16	24
5	20	10	23	32
5.5	22	11	25	35
6	24	12	28	38
参考值	$=4P$	$=2P$	$\approx 6 \sim 5P$	$\approx 8 \sim 6.5P$

注:应优先选用"一般"长度的收尾和肩距;容积需要较大空间时可选用"长"肩距,结构限制时可选用"短"收尾。

附表 5-4　内螺纹的退刀槽　　　　　　　　mm

螺距 P	G_1		D_K	R $\approx$
	一般	短的		
0.5	2	1		0.2
0.6	2.4	1.2		0.3
0.7	2.8	1.4	$D + 0.3$	0.4
0.75	3	1.5		0.4
0.8	3.2	1.6		0.4
1	4	2		0.5
1.25	5	2.5		0.6
1.5	6	3		0.8
1.75	7	3.5		0.9
2	8	4		1
2.5	10	5		1.2
3	12	6	$D + 0.50$	1.5
3.5	14	7		1.8
4	16	8		2
4.5	18	9		2.2
5	20	10		2.5
5.5	22	11		2.8
6	24	12		3
参考值	$= 4P$	$= 2P$	—	$\approx 0.5P$

注

1. "短"退刀槽仅在结构受限制时采用。

2. D_K 公差 H13。

3. D 为螺纹公称直径代号。

附录六　非螺纹密封的管螺纹的公称尺寸和公差（摘录 GB/T 7307—2001）

$$H = 0.960491\ P$$
$$h = 0.640327\ P$$
$$r = 0.137329\ P$$

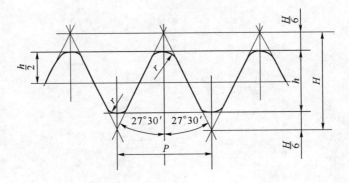

附图 6-1

附表 6-1 非螺纹密封的管螺纹的公称尺寸和公差

1	2	3	4	5	6	7	8	9	10	11	12	13	14	15	16	17
					公称直径			外螺纹					内螺纹			
								大径公差 T_d		中径公差 T_{d2} 下公差			中径公差 T_{D2}		小径公差 T_{D1}	
尺寸代码	每25.4 mm内的牙数 n	螺距 P/mm	牙高 h/mm	圆弧半径 r/mm	大径 $d=D$/mm	中径 $d_2=D_2$/mm	小径 $d_1=D_1$/mm	下极限偏差/mm	上极限偏差/mm	A级/mm	B级/mm	上极限偏差/mm	下极限偏差/mm	上极限偏差/mm	下极限偏差/mm	上极限偏差/mm
1/16	28	0.907	0.581	0.125	7.723	7.142	6.561	−0.214	0	−0.107	−0.214	0	0	+0.107	0	+0.282
1/8	28	0.907	0.581	0.125	9.728	9.147	8.566	−0.214	0	−0.107	−0.214	0	0	+0.107	0	+0.282
1/4	19	1.337	0.856	0.184	13.157	12.301	11.445	−0.250	0	−0.125	−0.214	0	0	+0.125	0	+0.445
3/8	19	1.337	0.856	0.184	16.662	15.806	14.950	−0.250	0	−0.125	−0.250	0	0	+0.125	0	+0.445
1/2	14	1.814	1.162	0.249	20.955	19.793	18.631	−0.284	0	−0.142	−0.250	0	0	+0.142	0	+0.541
5/8	14	1.814	1.162	0.249	22.911	21.749	20.857	−0.284	0	−0.142	−0.284	0	0	+0.142	0	+0.541
3/4	14	1.184	1.162	0.249	26.441	25.279	24.117	−0.284	0	−0.142	−0.284	0	0	+0.142	0	+0.541
7/8	14	1.814	1.162	0.317	30.201	29.039	27.877	−0.284	0	−0.142	−0.284	0	0	+0.142	0	+0.154
1	11	2.309	1.479	0.317	33.249	31.770	30.291	−0.360	0	−0.180	−0.284	0	0	+0.108	0	+0.640
11/8	11	2.309	1.479	0.317	37.897	36.418	34.939	−0.360	0	−0.180	−0.360	0	0	+0.180	0	+0.640
11/4	11	2.309	1.479	0.317	41.910	40.431	38.925	−0.360	0	−0.180	−0.360	0	0	+0.180	0	+0.640
11/2	11	2.309	1.479	0.317	47.803	46.324	44.845	−0.360	0	−0.180	−0.360	0	0	+0.180	0	+0.640
13/4	11	2.309	1.479	0.317	53.746	52.267	50.788	−0.360	0	−0.180	−0.360	0	0	+0.180	0	+0.640
2	11	2.309	1.479	0.317	59.614	58.135	56.656	−0.360	0	−0.180	−0.360	0	0	+0.180	0	+0.640
21/4	11	2.309	1.479	0.317	65.710	64.231	62.752	−0.434	0	−0.217	−0.360	0	0	+0.217	0	+0.640
21/2	11	2.309	1.479	0.317	75.184	73.705	72.226	−0.434	0	−0.217	−0.434	0	0	+0.217	0	+0.640
23/4	11	2.309	1.479	0.317	81.534	80.055	78.576	−0.434	0	−0.217	−0.434	0	0	+0.217	0	+0.640
3	11	2.309	1.479	0.317	87.884	86.405	84.926	−0.434	0	−0.217	−0.434	0	0	+0.217	0	+0.640
31/2	11	2.309	1.479	0.317	100.330	98.851	97.372	−0.434	0	−0.217	−0.434	0	0	+0.217	0	+0.640
4	11	2.309	1.479	0.317	113.030	111.551	110.072	−0.434	0	−0.217	−0.434	0	0	+0.217	0	+0.640
41/2	11	2.309	1.479	0.317	125.730	124.251	122.772	−0.434	0	−0.217	−0.434	0	0	+0.217	0	+0.640
5	11	2.309	1.479	0.317	138.430	136.951	135.472	−0.434	0	−0.217	−0.434	0	0	+0.217	0	+0.640
5/12	11	2.309	1.479	0.317	151.130	149.651	148.172	−0.434	0	−0.217	−0.434	0	0	+0.217	0	+0.640
6	11	2.309	1.479	0.317	163.830	162.351	160.872	−0.434	0	−0.217	−0.434	0	0	+0.217	0	+0.640

附录七 轴的配合表面处圆角半径和倒角尺寸(摘录 GB/T 6403.4—2008)

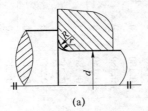

(a)

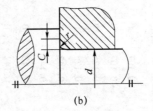

(b)

mm

直径 d	3~6	>6~10	>10~18	>18~30
r	0.4	0.5	1	1.5
R/C	0.5	1	1.5	2
直径 d	>30~50	>50~80	>80~120	
r	2	2.5	3	
R/C	2.5	3	4	
直径 d	>120~180	>180~260	>260~360	>360~500
r	4	5	6	8
R/C	5	6	8	10
直径 d	>500~630	>630~800	>800~1000	
r	10	12	16	
R/C	12	16	20	

附录八　回转面及端面砂轮越程槽的尺寸（摘录 GB 6403.5—2008）

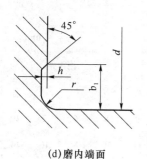

(d)磨内端面

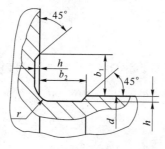

(e)磨外圆及端面

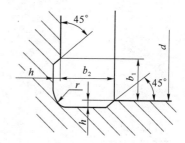

(f)磨内圆及端面

附表 8-1　回转面及端面砂轮越程槽的尺寸

mm

b_2	0.6	1.0	1.6	2.0	3.0	4.0	5.0	8.0	10
b_1	2.0	3.0		4.0		5.0		8.0	10
h	0.1	0.2		0.3	0.4		0.6	0.8	1.2
r	0.2	0.5		0.8		1.0		1.6	2.0	3.0
d	~10			10 ~ 50		50 ~ 100		>100	

注1：越程槽内与直线相交处，不允许产生尖角。

注2：越程槽深度 h 与圆弧半径 r，要满足 $r \leqslant 3h$。

附录九 粗牙螺栓、螺钉的拧入深度、螺纹孔尺寸和
钻孔深度(摘录 JB/GQ 0126—1980 或 GB/T 152.2~152.4—1988、GB 5277—1985)

mm

D (d)	用于钢或青钢				用于铸铁				用于铝			
	H	l_1	l_2	l_3	H	l_1	l_2	l_3	H	l_1	l_2	l_3
3	4	3	4	7	6	5	6	9	8	6	7	10
4	5.5	4	5.5	9	8	6	7.5	11	10	8	10	14
5	7	5	7	11	10	8	10	14	12	10	12	16
6	8	6	8	13	12	10	12	17	15	12	15	20
8	10	8	10	16	15	12	14	20	20	16	18	24
10	12	10	13	20	18	15	18	25	24	20	23	30
12	15	12	15	24	22	18	21	30	28	24	27	36
16	20	16	20	30	28	24	28	38	36	32	36	46
20	25	20	24	36	35	30	35	47	45	40	45	57
24	30	24	30	44	42	35	42	55	65	48	54	68
30	36	30	36	52	50	45	52	68	70	60	67	84
36	45	36	44	62	65	55	64	82	80	72	80	98
42	50	42	50	72	75	65	74	95	95	85	94	115
48	60	48	58	82	85	75	85	108	105	95	105	128

附录十　滚花(摘录 GB/T 6403.3—2008)

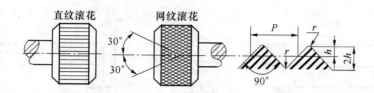

滚花花纹的形状是假定工件的直径为无穷大时花纹的垂直截面(如上图)形状。

模数 $m = 0.3$,直纹滚花(或网纹滚花)的标记示例:直纹(或网纹)0.3GB 6403.3—1986。

模数 m	h	r	节距 P
0.2	0.132	0.06	0.628
0.3	0.198	0.09	0.942
0.4	0.264	0.12	1.257
0.5	0.326	0.16	1.571

注:1. 滚花前工件表面的轮廓算术平均偏差 Ra 的最大允许值为 12.5 mm。

2. 滚花后工件直径大于滚花前直径,其值 $\Delta \geqslant (0.8 \sim 1.6)m$,$m$ 为模数。

附录十一　六角头螺栓(摘录 GB/T 5782—2000、GB/T 5783—2000)

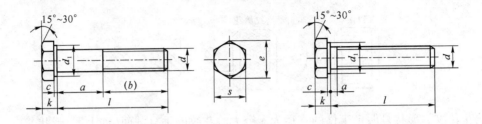

标记示例:

螺纹规格 d = M12,公称长度 l = 80 mm,性能等级为 8.8 级,表面氧化,A 级的六角头螺栓,其标记为:

螺栓　GB/T 5782　M12×80

mm

螺纹规格 d			M3	M4	M5	M6	M8	M10	M12	M16	M20	M24	M30
a	max		1.5	2.1	2.4	3	4	4.5	5.3	6	7.5	9	10.5
b 参考	$l < 125$		12	14	16	18	22	26	30	38	46	54	66
	$125 \leq l \leq 200$		18	20	22	24	28	32	36	44	52	60	72
	$l > 200$		31	33	35	37	41	45	49	57	65	73	65
c	min		0.15	0.15	0.15	0.15	0.15	0.15	0.15	0.2	0.2	0.2	0.2
	max		0.4	0.4	0.5	0.5	0.6	0.6	0.6	0.8	0.8	0.8	0.8
d_1 min	产品等级	A	4.57	5.88	6.88	8.88	11.63	14.63	16.6	22.49	28.19	33.61	
		B	4.45	5.74	6.74	8.74	11.47	14.47	16.47	22	27.7	33.2	42.75
e min	产品等级	A	6.01	7.66	8.79	11.95	14.38	17.77	20.03	26.75	33.53	39.95	
		B	5.88	7.50	8.63	10.89	14.20	17.59	19.85	26.17	32.95	39.55	50.85
k 公称			2	2.8	3.5	4	5.3	6.4	7.5	10	12.5	15	18.7
s 公称			5.5	7	8	10	13	16	18	24	30	36	46
l 公称(系列值)			6.8、10、12、16、20、25、30、35、40、45、50、55、60、65、70、80、90、100、110、120、130、140、150、160、180、200、220、240、260、280、300、320、340、360、380、400、420、440、460、480、500										

注:(1) A 级用于 $d \leq 24$ 和 $l \leq 10d$ 或 $l \leq 150$ mm(按较小值)的螺栓;B 级用于 $d > 24$ 和 $l > 10d$ 或 $l > 150$ mm(按较小值)的螺栓。

　　(2) 螺纹末端应倒角。对 GB/T 5782 $d \leq$ M4,可为模制表,对 GB/T 5783 $d \leq$ M4 为辅制表。

　　(3) 螺纹规格 d 为 M1.6 ～ M64。

附录十二 双头螺柱(摘录 GB/T 897—1988)

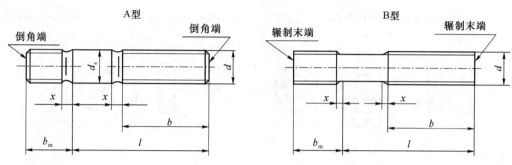

标记示例:

两端均为粗牙普通螺纹,$d = 10\ mm$, $l = 50\ mm$,性能等级为 4.8 级、B 型、$b_m = 1d$ 的双头螺柱的标记为:

螺柱 GB/T 897　M10 × 50

旋入机体一端为粗牙普通螺纹,旋螺母一端为螺距 $P = 1\ mm$ 的细牙普通螺纹,$d = 10\ mm$,$l = 50\ mm$,性能等级为 4.8 级、A 型、$b_m = 1d$ 的双头螺柱的标记为:

螺柱 GB/T 897　AM10—M10 × 1 × 50

旋入机体一端为过渡配合螺纹的第一种配合,旋螺母一端为粗牙普通螺纹,$d = 10\ mm$,$l = 50\ mm$,性能等级为 8.8 级,镀锌钝化、B 型、$b_m = 1d$ 的双头螺柱的标记为:

螺柱　GB/T 897　GM10—M10 × 50 – 8.8 – Zn·D

	螺纹规格 d	M5	M6	M8	M10	M12	M16	M20	M24	M30	M36	M42
b_m	GB/T 897—1988	5	6	8	10	12	16	20	24	30	36	42
	GB/T 898—1988	6	8	10	12	15	20	25	30	38	45	52
	GB/T 899—1988	8	10	12	15	18	24	30	36	45	54	65
	GB/T 900—1988	10	12	16	20	24	32	40	48	60	72	84
	d_s	5	6	8	10	12	16	20	24	30	36	42
	x	1.5P	1.5P	1.5P	1.5P	1.5P	1.5P	1.5P	1.5P	1.5P	1.5P	1.5P
	$\dfrac{l}{b}$	$\dfrac{16 \sim 12}{10}$ $\dfrac{25 \sim 50}{16}$ $\dfrac{32 \sim 75}{18}$	$\dfrac{20 \sim 22}{10}$ $\dfrac{25 \sim 30}{16}$ $\dfrac{32 \sim 90}{22}$	$\dfrac{20 \sim 22}{10}$ $\dfrac{25 \sim 30}{16}$	$\dfrac{25 \sim 28}{14}$ $\dfrac{30 \sim 38}{16}$ $\dfrac{40 \sim 120}{26}$ $\dfrac{130}{32}$	$\dfrac{25 \sim 30}{16}$ $\dfrac{32 \sim 40}{20}$ $\dfrac{45 \sim 120}{30}$ $\dfrac{130 \sim 180}{36}$	$\dfrac{30 \sim 38}{20}$ $\dfrac{40 \sim 55}{30}$ $\dfrac{60 \sim 120}{38}$ $\dfrac{130 \sim 200}{44}$	$\dfrac{35 \sim 40}{25}$ $\dfrac{45 \sim 65}{35}$ $\dfrac{70 \sim 120}{46}$ $\dfrac{130 \sim 200}{52}$	$\dfrac{45 \sim 50}{30}$ $\dfrac{55 \sim 75}{45}$ $\dfrac{80 \sim 120}{54}$ $\dfrac{130 \sim 200}{60}$	$\dfrac{60 \sim 65}{40}$ $\dfrac{70 \sim 90}{50}$ $\dfrac{95 \sim 120}{60}$ $\dfrac{130 \sim 200}{72}$ $\dfrac{210 \sim 250}{85}$	$\dfrac{65 \sim 75}{45}$ $\dfrac{80 \sim 110}{60}$ $\dfrac{120}{78}$ $\dfrac{130 \sim 200}{84}$ $\dfrac{210 \sim 300}{91}$	$\dfrac{65 \sim 80}{50}$ $\dfrac{85 \sim 110}{70}$ $\dfrac{120}{90}$ $\dfrac{130 \sim 200}{96}$ $\dfrac{210 \sim 300}{109}$
	l 系列	16,(18),20,(22),25,(28),30,(32),35,(38),40,45,50,(55),60,(65),70,(75). 80,(85),90,(95),100,110,120,130,140,150,160,170,180,190,200,210,220,230。240,250,260,280,300											

注:P 是粗牙螺纹的螺距。

附录十三 六角螺母(摘录 GB/T 6170—2000)

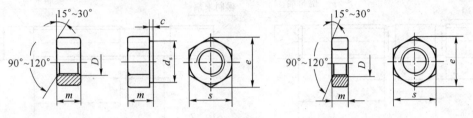

I型六角螺母—A和B级(GB/T 6170—2000)　　　六角薄螺母—A和B级—倒角(GB/T 6172.1—2000)

标记示例:

螺纹规格 D = M12,性能等级为 8 级,不经表面处理、产品等级为 A 级的 I 型六角螺母,其标记为:

螺母　GB/T 6170 M12

mm

螺纹规格 D			M2	M2.5	M3	M4	M5	M6	M8	M10	M12	M16	M20	M24	M30
c		max	0.2	0.3	0.4	0.4	0.5	0.5	0.6	0.6	0.6	0.8	0.8	0.8	0.8
d_s		min	3.1	4.1	4.6	5.9	6.9	8.9	11.6	14.6	16.6	22.5	27.7	33.3	42.8
e		min	4.32	5.45	6.01	7.66	8.79	11.05	14.38	17.77	20.03	26.75	32.95	39.55	50.85
m	GB/T 6170	max	1.6	2	2.4	3.2	4.7	5.2	6.8	8.4	10.8	14.8	18	21.5	25.6
		min	1.35	1.75	2.15	2.9	4.4	4.9	6.44	8.04	10.37	14.1	16.9	20.2	24.3
	GB/T 6172	max	1.2	1.6	1.8	2.2	2.7	3.2	4	5	6	8	10	12	15
		min	0.95	1.35	1.55	1.95	2.45	2.9	3.7	4.7	5.7	7.42	9.10	10.9	13.9
S		max	4	5	5.5	7	8	10	13	16	18	24	30	36	46
		min	3.82	4.82	5.32	6.78	7.78	9.78	12.73	15.73	17.73	23.67	29.15	35	45

注:A 级用于 $D \leqslant 16$ 的螺母,B 级用于 $D > 16$ 的螺母。

附录十四　平垫圈(摘录 GB/T 97. 1—2002)

平垫圈—A级(GB/T 97.1—1985) 　　　　平垫圈倒角型—A级(GB/T 97.2—1985)

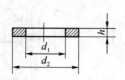 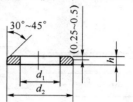

标记示例:

标准系列、规格为 8 mm,性能等级为 140HV 级、不经表面处理、产品等级为 A 级的平垫圈,其标记为:

垫圈　GB/T 97.1　8

mm

规格 (螺纹大径)	2	2.5	3	4	5	6	8	10	12	14	16	20	24	30
内径 d_1 公称(min)	2.2	2.7	3.2	4.3	5.3	6.4	8.4	10.5	13	15	17	21	25	31
外径 d_2 公称(max)	5	6	7	9	10	12	16	20	24	28	30	37	44	56
厚度 h 　公称	0.3	0.5	0.5	0.8	1	1.6	1.6	2	2.5	2.5	3	3	4	4

注:GB/T 97.2 适用于规格为 5 ~ 36 mm、A 级和 B 级、标准六角头的螺栓、螺钉和螺母。

附录十五　螺钉(摘录 GB/T 65—2000)

开槽圆柱头螺钉(GB/T 65—2000)　　开槽盘头螺钉(GB/T 67—2000)　　开槽沉头螺钉(GB/T 75—2000)

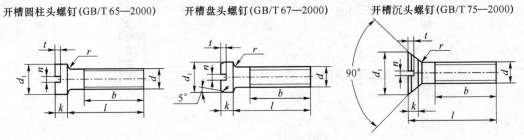

标记示例：

螺钉 GB/T 65 M5 × 20(螺纹规格 M5,公称长度 l = 20mm,性能等级为 4.8 级,不经表面处理的开槽圆柱头螺钉)　　　　　　GB/T 65—2000

mm

螺纹规格	d_1 max	k_{max}	n 公称	r_{min}	l	b
M4	7	2.6	1.2	1.1	5~40	
M5	8.5	3.3	1.2	1.3	6~50	l≤40 为全螺纹
M6	10	3.9	1.6	1.6	8~60	l>40, b_{min}=38
M8	13	5	2	2	10~80	
M10	16	6	2.5	2.4	12~80	

附录十六　标准型弹簧垫圈（GB/T 93—1987）

标准型弹簧垫圈(GB/T 93—1987)　　　轻型弹簧垫圈(GB/T 859—1987)

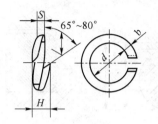 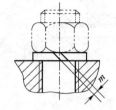

规格 16 mm，材料为 65Mn，表面氧化的标准型弹簧垫圈，其标记为：

垫圈 GB/T 93　16

mm

规格(螺纹大径)		2	2.5	3	4	5	6	8	10	12	16	20	24	30	36	42	48
d　min		2.1	2.6	3.1	4.1	5.1	6.1	8.1	10.2	12.2	16.2	20.2	24.5	30.5	36.5	42.5	48.5
H　max	GB/T 93	1.25	1.63	2	2.75	3.25	4	5.25	6.5	7.75	10.25	12.5	15	18.75	22.5	26.25	30
	GB/T 859			1.5	2	2.75	3.25	4	5	6.25	8	10	12.5	15			
$S(b)$公称	GB/T 93	0.5	0.65	0.8	1.1	1.3	1.6	2.1	2.6	3.1	4.1	5	6	7.5	9	10.5	12
S　公称	GB/T 859			0.6	0.8	1.1	1.3	1.6	2	2.5	3.2	4	5	6			
$m \leqslant$	GB/T 93	0.25	0.33	0.4	0.55	0.65	0.8	1.05	1.3	1.55	2.05	2.5	3	3.75	4.5	5.25	6
	GB/T 859			0.3	0.4	0.55	0.65	0.8	1	1.25	1.6	2	2.5	3			
b　公称	GB/T 859			1	1.2	1.5	2	2.5	3	3.5	4.5	5.5	7	9			
注:GB/T 859 规格为 3～30 mm。																	

附录十七　常用键与销

1. 键

(1)平键和键槽的剖面尺寸(GB/T 1095—2003)

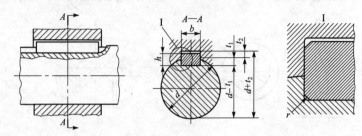

mm

轴径 d	键尺寸 $b \times h$	键槽											
		宽度 b						深度				半径 r	
		公称尺寸	极限偏差					轴 t_1		毂 t_2			
			正常连接		紧密连接	松连接		基本尺寸	极限偏差	基本尺寸	极限偏差		
			轴 N9	毂 js9	轴和毂 P9	轴 H9	毂 D10					min	max
6~8	2×2	2	−0.004 −0.029	±0.0125	0.006 −0.031	+0.025 0	+0.060 +0.020	1.2		1.0		0.08	0.16
>8~10	3×3	3						1.8		1.4			
>10~12	4×4	4	0 −0.030	±0.015	−0.012 −0.042	+0.030 0	+0.078 +0.030	2.5	+0.10	1.8	+0.10	0.16	0.25
>12~17	5×5	5						3.0		2.3			
>17~22	6×6	6						3.5		2.8			
>22~30	8×7	8	0 −0.036	±0.018	−0.015 −0.051	+0.036 0	+0.098 +0.040	4.0		3.3		0.16	0.25
>30~38	10×8	10						5.0		3.3			
>38~44	12×8	12						5.0	+0.20	3.3	+0.20	0.25	0.40
>44~50	14×9	14	0 −0.043	±0.0215	0.018 −0.061	+0.043 0	0.120 +0.050	5.5		3.8			
>50~58	16×10	16						6.0		4.3			
>58~65	18×11	18						7.0		4.4			

(2)普通平键的型式尺寸(GB/T 1096—2003)

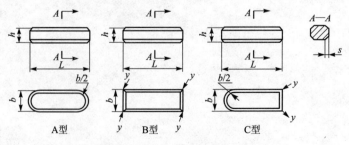

A型　　B型　　C型

标记示例

宽度 $b=6$ mm,高度 $h=6$ mm,长度 $L=16$ mm 的平键,标记为

GB/T 1096　键 6×6×16

mm

宽度 b	公称尺寸	2	3	4	5	6	8	10	12	14	16	18	20	22
	极限偏差（h8）	0 −0.014		0 −0.018			0 −0.022		0 −0.027				0 −0.033	

高度 h	公称尺寸		2	3	4	5	6	7	8	9	10	11	12	13	14
	极限偏差	矩形（h11）	—		—					0 −0.090				0 −0.110		
		方形（h8）	0 −0.014		0 −0.018		—									

倒角或倒圆 s	0.16 ~ 0.25	0.25 ~ 0.40	0.40 ~ 0.60	0.60 ~ 0.80

长度 L

基本尺寸	极限偏差（h14）													
6	0 −0.36		—											
8				—	—	—	—	—	—	—	—	—	—	—
10				—	—	—	—	—	—	—	—	—	—	—
12	0 −0.43				—	—	—	—	—	—	—	—	—	—
14						—	—	—	—	—	—	—	—	—
16							—	—	—	—	—	—	—	—
18								—	—	—	—	—	—	—
20								—	—	—	—	—	—	—
22	0 −0.52	—	标准						—	—	—	—	—	—
25		—								—	—	—	—	—
28		—									—	—	—	—
32		—										—	—	—
36	0 −0.62	—											—	—
40		—	—											—
45		—	—			长度							—	—
50		—	—	—									—	—
56		—	—	—										
63	0 −0.74	—	—	—	—									
70		—	—	—	—									
80		—	—	—	—									
90	0 −0.87	—	—	—	—		范围							
100		—	—	—	—	—								
110		—	—	—	—	—								

2. 销

(1)圆柱销(GB/T 119.1—2000)——不淬硬钢和奥氏体不锈钢

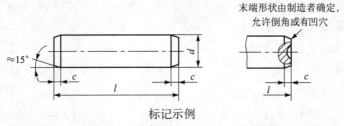

末端形状由制造者确定,
允许倒角或有凹穴

标记示例

公称直径 $d = 6$、公差为 m6、公称长度 $l = 30$、材料为钢、不经淬火、不经表面处理的圆柱销的标记:

销　GB/T 119.1　6m6×30

mm

公称直径 d (m6/h8)	0.6	0.8	1	1.2	1.5	2	2.5	3	4	5
$c \approx$	0.12	0.16	0.20	0.25	0.30	0.35	0.40	0.50	0.63	0.80
l(商品规格范围公称长度)	2~6	2~8	4~10	4~12	4~16	6~20	6~24	8~30	8~40	10~50
公称直径 d (m6/h8)	6	8	10	12	16	20	25	30	40	50
$c \approx$	1.2	1.6	2.0	2.5	3.0	3.5	4.0	5.0	6.3	8.0
l(商品规格范围公称长度)	12~60	14~80	18~95	22~140	26~180	35~200	50~200	60~200	80~200	95~200
l 系列	2,3,4,5,6,8,10,12,14,16,18,20,22,24,26,28,30,32,35,40,45,50,55,60,65,70,75,80,85,90,95,100,120,140,160,180,200										

注:① 材料用钢时硬度要求为125~245 HV30,用奥氏体不锈钢A1(GB/T 3098.6)时硬度要求为210~280 HV30。

② 公差 m6:$Ra \leq 0.8$ μm;

公差 h8:$Ra \leq 1.6$ μm。

(2)圆锥销(GB/T 117—2000)

A 型(磨削)　　　　　　　　B 型(切削或冷镦)

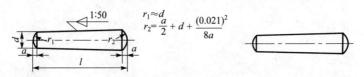

$r_1 \approx d$
$r_2 = \dfrac{a}{2} + d + \dfrac{(0.021)^2}{8a}$

标记示例

公称直径 $d = 10$、长度 $l = 60$、材料为35钢、热处理硬度为28~38 HRC、表面氧化处理的 A 型圆锥销:

销　GB/T 117　10×60

mm

d(公称)	0.6	0.8	1	1.2	1.6	2	2.5	3	4	5
$a\approx$	0.08	0.1	0.12	0.16	0.2	0.25	0.3	0.4	0.5	0.63
l(商品规格范围公称长度)	4～8	5～12	6～16	6～20	8～24	10～35	10～40	12～45	14～55	18～60
d(公称)	6	8	10	12	16	20	25	30	40	50
$a\approx$	0.8	1	1.2	1.6	2	2.5	3	4	5	6.3
l(商品规格范围公称长度)	20～90	22～120	26～160	32～180	40～200	45～200	50～200	55～200	60～200	65～200
l 系列	4,5,6,8,10,12,14,16,18,20,22,24,26,28,30,32,35,40,45,50,55,60,65,70,75,80, 85,90,95,100,120,140,160,180,200									

附录十八 标准公差数值(摘录 GB/T 1800.1—2009)

公称尺寸 /mm		标准公差等级																	
		IT1	IT2	IT3	IT4	IT5	IT6	IT7	IT8	IT9	IT10	IT11	IT12	IT13	IT14	IT15	IT16	IT17	IT18
大于	至	μm											mm						
–	3	0.8	1.2	2	3	4	6	10	14	25	40	60	0.1	0.14	0.25	0.4	0.6	1	1.4
3	6	1	1.5	2.5	4	5	8	12	18	30	48	75	0.12	0.18	0.3	0.48	0.75	1.2	1.8
6	10	1	1.5	2.5	4	6	9	15	22	36	58	90	0.15	0.22	0.36	0.58	0.9	1.5	2.2
10	18	1.2	2	3	5	8	11	18	27	43	70	110	0.18	0.27	0.43	0.7	1.1	1.8	2.7
18	30	1.5	2.5	4	6	9	13	21	33	52	84	130	0.21	0.33	0.52	0.84	1.3	2.1	3.3
30	50	1.5	2.5	4	7	11	16	25	39	62	100	160	0.25	0.39	0.62	1	1.6	2.5	3.9
50	80	2	3	5	8	13	19	30	46	74	120	190	0.3	0.46	0.74	1.2	1.9	3	4.6
80	120	2.5	4	6	10	15	22	35	54	87	140	220	0.35	0.54	0.87	1.4	2.2	3.5	5.4
120	180	3.5	5	8	12	18	25	40	63	100	160	250	0.4	0.63	1	1.6	2.5	4	6.3
180	250	4.5	7	10	14	20	29	46	72	115	185	290	0.46	0.72	1.15	1.85	2.9	4.6	7.2
250	315	6	8	12	16	23	32	52	81	130	210	320	0.52	0.81	1.3	2.1	3.2	5.2	8.1
315	400	7	9	13	18	25	36	57	89	140	230	360	0.57	0.89	1.4	2.3	3.6	5.7	8.9
400	500	8	10	15	20	27	40	63	97	155	250	400	0.63	0.97	1.55	2.5	4	6.3	9.7

附录十九　轴的基本偏差数值(摘录 GB/T 1800.1—2009)

公称尺寸/mm		基本偏差数值/μm																
		上极限偏差 es（所有标准公差等级）												下极限偏差 ei				
														j	j	j	k	k
大于	至	a	b	c	cd	d	e	ef	f	fg	g	h	js	IT6	IT7	IT8	IT4至IT7	≤IT3 >IT7
–	3	−270	−140	−60	−34	−20	−14	−10	−6	−4	−2	0	偏差 = ± $\dfrac{IT_n}{2}$ 式中，IT_n 是 IT 数值	−2	−4	−6	0	0
3	6	−270	−140	−70	−46	−30	−20	−14	−10	−6	−4	0		−2	−4		+1	0
6	10	−280	−150	−80	−56	−40	−25	−18	−13	−8	−5	0		−2	−5		+1	0
10	14	−290	−150	−95		−50	−32		−16		−6	0		−3	−6		+1	0
14	18	−290	−150	−95		−50	−32		−16		−6	0		−3	−6		+1	0
18	24	−300	−160	−110		−65	−40		−20		−7	0		−4	−8		+2	0
24	30	−300	−160	−110		−65	−40		−20		−7	0		−4	−8		+2	0
30	40	−310	−170	−120		−80	−50		−25		−9	0		−5	−10		+2	0
40	50	−320	−180	−130		−80	−50		−25		−9	0		−5	−10		+2	0
50	65	−340	−190	−140		−100	−60		−30		−10	0		−7	−12		+2	0
65	80	−360	−200	−150		−100	−60		−30		−10	0		−7	−12		+2	0
80	100	−380	−220	−170		−120	−72		−36		−12	0		−9	−15		+3	0
100	120	−410	−240	−180		−120	−72		−36		−12	0		−9	−15		+3	0
120	140	−460	−260	−200		−146	−85		−43		−14	0		−11	−18		+3	0
140	160	−520	−280	−210		−146	−85		−43		−14	0		−11	−18		+3	0
160	180	−580	−310	−230		−146	−85		−43		−14	0		−11	−18		+3	0
180	200	−660	−340	−240		−170	−100		−50		−15	0		−13	−21		+4	0
200	225	−740	−380	−260		−170	−100		−50		−15	0		−13	−21		+4	0
225	250	−820	−420	−280		−170	−100		−50		−15	0		−13	−21		+4	0
250	280	−920	−480	−300		−190	−110		−56		−17	0		−16	−26		+4	0
280	315	−1050	−540	−330		−190	−110		−56		−17	0		−16	−26		+4	0
315	355	−1200	−600	−360		−210	−125		−62		−18	0		−18	−28		+4	0
355	400	−1350	−680	−400		−210	−125		−62		−18	0		−18	−28		+4	0
400	450	−1500	−760	−440		−230	−135		−68		−20	0		−20	−32		+5	0
450	500	−1650	−840	−480		−230	−135		−68		−20	0		−20	−32		+5	0

注：1. 公称尺寸小于或等于 1 mm 时，基本偏差 a 和 b 均不采用。

　　2. 公差带 js7 至 js11，若 IT_n 数值是奇数，则取偏差 $= \pm \dfrac{IT_n - 1}{2}$。

续表

基本偏差数值/μm													
下极限偏差 ei													
所有标准公差等级													
m	n	p	r	s	t	u	v	x	y	z	za	zb	zc
+2	+4	+6	+10	+14		+18		+20		+26	+32	+40	+60
+4	+8	+12	+15	+19		+23		+28		+35	+42	+50	+80
+6	+10	+15	+19	+23		+28		+34		+42	+52	+67	+97
+7	+12	+18	+23	+28		+33		+40		+50	+64	+90	+130
							+39	+45		+60	+77	+108	+150
+8	+15	+22	+28	+35		+41	+47	+54	+63	+73	+98	+136	+188
					+41	+48	+55	+64	+75	+88	+118	+160	+218
+9	+17	+26	+34	+43	+48	+60	+68	+80	+94	+112	+148	+200	+274
					+54	+70	+81	+97	+114	+136	+180	+242	+325
+11	+20	+32	+41	+53	+66	+87	+102	+122	+144	+172	+226	+300	+405
			+43	+59	+75	+102	+120	+146	+174	+210	+274	+360	+480
+13	+23	+37	+51	+71	+91	+124	+146	+178	+214	+258	+335	+445	+585
			+54	+79	+104	+144	+172	+210	+254	+310	+400	+525	+690
+15	+27	+43	+63	+92	+122	+170	+202	+248	+300	+365	+470	+620	+800
			+65	+100	+134	+190	+228	+280	+340	+415	+535	+700	+900
			+68	+108	+146	+210	+252	+310	+380	+465	+600	+780	+1000
+17	+31	+50	+77	+122	+166	+236	+284	+350	+425	+520	+670	+880	+1150
			+80	+130	+180	+258	+310	+385	+470	+575	+740	+960	+1250
			+84	+140	+196	+284	+340	+425	+520	+640	+820	+1050	+1350
+20	+34	+56	+94	+158	+218	+315	+385	+475	+580	+710	+920	+1200	+1550
			+98	+170	+240	+350	+425	+525	+650	+790	+1000	+1300	+1700
+21	+37	+62	+108	+190	+268	+390	+475	+590	+730	+900	+1150	+1500	+1900
			+114	+208	+294	+435	+530	+660	+820	+1000	+1300	+1650	+2100
+23	+40	+68	+126	+232	+330	+490	+595	+740	+920	+1100	+1450	+1850	+2400
			+132	+252	+360	+540	+660	+820	+1000	+1250	+1600	+2100	+2600

附录二十　孔的基本偏差数值(摘录 GB/T 1800.1—2009)

公称尺寸/mm		基本偏差数值/μm																		
		下极限偏差 EI												上极限偏差 ES						
		所有标准公差等级												IT6	IT7	IT8	≤IT8	>IT8	≤IT8	>IT8
大于	至	A	B	C	CD	D	E	EF	F	FG	G	H	JS	J			K		M	
−	3	+270	+140	+60	+34	+20	+14	+10	+6	+4	+2	0		+2	+4	+6	0	0	−2	−2
3	6	+270	+140	+70	+46	+30	+20	+14	+10	+6	+4	0		+5	+6	+10	−1+Δ		−4+Δ	−4
6	10	+280	+150	+80	+56	+40	+25	+18	+13	+8	+5	0	偏差 = ± $\dfrac{IT_s}{2}$。式中 IT_s 是 IT 数值	+5	+8	+12	−1+Δ		−6+Δ	−6
10	14	+290	+150	+95		+50	+32		+16		+6	0		+6	+10	+15	−1+Δ		−7+Δ	−7
14	18																			
18	24	+300	+160	+110		+65	+40		+20		+7	0		+8	+12	+20	−2+Δ		−8+Δ	−8
24	30																			
30	40	+310	+170	+120		+80	+50		+25		+9	0		+10	+14	+24	−2+Δ		−9+Δ	−9
40	50	+320	+180	+130																
50	65	+340	+190	+140		+100	+60		+30		+10	0		+13	+18	+28	−2+Δ		−11+Δ	−11
65	80	+360	+200	+150																
80	100	+380	+220	+170		+120	+72		+36		+12	0		+16	+22	+34	−3+Δ		−13+Δ	−13
100	120	+410	+240	+180																
120	140	+460	+260	+200		+145	+85		+43		+14	0		+18	+26	+41	−3+Δ		−15+Δ	−15
140	160	+520	+280	+210																
160	180	+580	+310	+230																
180	200	+660	+340	+240		+170	+100		+50		+15	0		+22	+30	+47	−4+Δ		−17+Δ	−17
200	225	+740	+380	+260																
225	250	+820	+420	+280																
250	280	+920	+480	+300		+190	+110		+56		+17	0		+25	+36	+55	−4+Δ		−20+Δ	−20
280	315	+1050	+540	+330																
315	355	+1200	+600	+360		+210	+125		+62		+18	0		+29	+39	+60	−4+Δ		−21+Δ	−21
355	400	+1350	+680	+400																
400	450	+1500	+760	+440		+230	+135		+68		+20	0		+33	+43	+66	−5+Δ		−23+Δ	−23
450	500	+1650	+840	+480																

注:1. 公称尺寸小于或等于 1 mm 时,基本偏差 A 和 B 及大于 IT8 的 N 均不采用。

2. 公差带 JS7 到 JS11,若 IT_s 数值是奇数,则取偏差 = ± $\dfrac{IT_s-1}{2}$。

3. 对小于或等于 IT8 的 K、M、N 和小于或等于 IT7 的 P 至 ZC,所需 Δ 值从表内右侧选取。
例如:18 ~ 30 mm 段的 K7:Δ = 8 μm,所以 ES = −2 + 8 = +6 μm
　　　18 ~ 30 mm 段的 S6:Δ = 4 μm,所以 ES = −35 + 4 = −31 μm

4. 特殊情况:250 ~ 315 mm 段的 M6,ES = −9 μm(代替 −11 μm)。

		基本偏差数值/μm 上极限偏差 ES												Δ 值					
N	P至ZC	P	R	S	T	U	V	X	Y	Z	ZA	ZB	ZC	IT3	IT4	IT5	IT6	IT7	IT8
−4	−4	−6	−10	−14		−18		−20		−26	−32	−40	−60	0	0	0	0	0	0
−8+Δ	0	−12	−15	−19		−23		−28		−35	−42	−50	−80	1	1.5	1	3	4	6
−10+Δ	0	−15	−19	−23		−28		−34		−42	−52	−67	−97	1	1.5	2	3	6	7
−12+Δ	0	−18	−23	−28		−33		−40		−50	−64	−90	−130	1	2	3	3	7	9
							−39	−45		−60	−77	−108	−150						
−15+Δ	0	−22	−28	−35		−41	−47	−54	−63	−73	−98	−136	−188	1.5	2	3	4	8	12
					−41	−48	−55	−64	−75	−88	−118	−160	−218						
−17+Δ	0	−26	−34	−43	−48	−60	−68	−80	−94	−112	−148	−200	−274	1.5	3	4	5	9	14
					−54	−70	−81	−97	−114	−136	−180	−242	−325						
−20+Δ	0	−32	−41	−53	−66	−87	−102	−122	−144	−172	−226	−300	−405	2	3	5	6	11	16
			−43	−59	−75	−102	−120	−146	−174	−210	−274	−360	−480						
−23+Δ	0	−37	−51	−71	−91	−124	−146	−178	−214	−258	−335	−445	−585	2	4	5	7	13	19
			−54	−79	−104	−144	−172	−210	−254	−310	−400	−525	−690						
−27+Δ	0	−43	−63	−92	−122	−170	−202	−248	−300	−365	−470	−620	−800	3	4	6	7	15	23
			−65	−100	−134	−190	−228	−280	−340	−415	−535	−700	−900						
			−68	−108	−146	−210	−252	−310	−380	−465	−600	−780	−1000						
−31+Δ	0	−50	−77	−122	−166	−236	−284	−350	−425	−520	−670	−880	−1150	3	4	6	9	17	26
			−80	−130	−180	−258	−310	−385	−470	−575	−740	−960	−1250						
			−84	−140	−196	−284	−340	−425	−520	−640	−820	−1050	−1350						
−34+Δ	0	−56	−94	−158	−218	−315	−385	−475	−580	−710	−920	−1200	−1550	4	4	7	9	20	29
			−98	−170	−240	−350	−425	−525	−650	−790	−1000	−1300	−1700						
−37+Δ	0	−62	−108	−190	−268	−390	−475	−590	−730	−900	−1150	−1500	−1900	4	5	7	11	21	32
			−114	−208	−294	−435	−530	−660	−820	−1000	−1300	−1650	−2100						
−40+Δ	0	−68	−126	−232	−330	−490	−595	−740	−920	−1110	−1450	−1850	−2400	5	5	7	13	23	34
			−132	−252	−360	−540	−660	−820	−1000	−1250	−1600	−2100	−2600						

注：P至ZC 列在大于 IT7 的相应数值上增加一个 Δ 值。

附录二十一 优先配合中轴的极限偏差(摘录 GB/T 1800.2—2009)

μm

公称尺寸/mm		公差带												
		c	d	f	g		h			k	n	p	s	u
大于	至	11	9	7	6	6	7	9	11	6	6	6	6	6
–	3	−60	−20	−6	−2	0	0	0	0	+6	+10	+12	+20	+24
		−120	−45	−16	−8	−6	−10	−25	−60	0	+4	+6	+14	+18
3	6	−70	−30	−10	−4	0	0	0	0	+9	+16	+20	+27	+31
		−145	−60	−22	−12	−8	−12	−30	−75	+1	+8	+12	+19	+23
6	10	−80	−40	−13	−5	0	0	0	0	+10	+19	+24	+32	+37
		−170	−76	−28	−14	−9	−15	−36	−90	+1	+10	+15	+23	+28
10	14	−95	−50	−16	−6	0	0	0	0	+12	+23	+29	+39	+44
14	18	−205	−93	−34	−17	−11	−18	−43	−110	+1	+12	+18	+28	+33
18	24	−110	−65	−20	−7	0	0	0	0	+15	+28	+35	+48	+54
														+41
24	30	−240	−117	−41	−20	−13	−21	−52	−130	+2	+15	+22	+35	+61
														+48
30	40	−120	−80	−25	−9	0	0	0	0	+18	+33	+42	+59	+76
		−280												+60
40	50	−130	−142	−50	−25	−16	−25	−62	−160	+2	+17	+26	+43	+86
		−290												+70
50	65	−140	−100	−30	−10	0	0	0	0	+21	+39	+51	+72	+106
		−330											+53	+87
65	80	−150	−174	−60	−29	−19	−30	−74	−190	+2	+20	+32	+78	+121
		−340											+59	+102
80	100	−170	−120	−36	−12	0	0	0	0	+25	+45	+59	+93	+146
		−390											+71	+124
100	120	−180	−207	−71	−34	−22	−35	−87	−220	+3	+23	+37	+101	+166
		−400											+79	+144
120	140	−200											+117	+195
		−450											+92	+170
			−145	−43	−14	0	0	0	0	+28	+52	+68		
140	160	−210											+125	+215
		−460											+100	+190
			−245	−83	−39	−25	−40	−100	−250	+3	+27	+43		
160	180	−230											+133	+235
		−480											+108	+210

续 表

公称尺寸/ mm		公差带												
		c	d	f	g	h				k	n	p	s	u
大于	至	11	9	7	6	6	7	9	11	6	6	6	6	6
180	200	−240 −530	−170 −285	−50 −96	−15 −44	0 −29	0 −46	0 −115	0 −290	+33 +4	+60 +31	+79 +50	+151 +122	+265 +236
200	225	−260 −550											+159 +130	+287 +258
225	250	−280 −570											+169 +140	+313 +284
250	280	−300 −620	−190 −320	−56 −108	−17 −49	0 −32	0 −52	0 −130	0 −320	+36 +4	+66 +34	+88 +56	+190 +158	+347 +315
280	315	−330 −650											+202 +170	+382 +350
315	355	−360 −720	−210 −350	−62 −119	−18 −54	0 −36	0 −57	0 −140	0 −360	+40 +4	+73 +37	+98 +62	+226 +190	+426 +390
355	400	−400 −760											+244 +208	+471 +435
400	450	−440 −840	−230 −385	−68 −131	−20 −60	0 −40	0 −63	0 −155	0 −400	+45 +5	+80 +40	+108 +68	+272 +232	+530 +490
450	500	−480 −880											+292 +252	+580 +540

附录二十二 优先配合中孔的极限偏差(摘录 GB/T 1800.2—2009)

μm

公称尺寸/mm		公差带												
		C	D	F	G	H				K	N	P	S	U
大于	至	11	9	8	7	7	8	9	11	7	7	7	7	7
—	3	+120 +60	+45 +20	+20 +6	+12 +2	+10 0	+14 0	+25 0	+60 0	0 -10	-4 -14	-6 -16	-14 -24	-18 -28
3	6	+145 +70	+60 +30	+28 +10	+16 +4	+12 0	+18 0	+30 0	+75 0	+3 -9	-4 -16	-8 -20	-15 -27	-19 -31
6	10	+170 +80	+76 +40	+35 +13	+20 +5	+15 0	+22 0	+36 0	+90 0	+5 -10	-4 -19	-9 -24	-17 -32	-22 -37
10	14	+205 +95	+93 +50	+43 +16	+24 +6	+18 0	+27 0	+43 0	+110 0	+6 -12	-5 -23	-11 -29	-21 -39	-26 -44
14	18	+205 +95	+93 +50	+43 +16	+24 +6	+18 0	+27 0	+43 0	+110 0	+6 -12	-5 -23	-11 -29	-21 -39	-26 -44
18	24	+240 +110	+117 +65	+53 +20	+28 +7	+21 0	+33 0	+52 0	+130 0	+6 -15	-7 -28	-14 -35	-27 -48	-33 -54
24	30	+240 +110	+117 +65	+53 +20	+28 +7	+21 0	+33 0	+52 0	+130 0	+6 -15	-7 -28	-14 -35	-27 -48	-40 -61
30	40	+280 +120	+142 +80	+64 +25	+34 +9	+25 0	+39 0	+62 0	+160 0	+7 -18	-8 -33	-17 -42	-34 -59	-51 -76
40	50	+290 +130	+142 +80	+64 +25	+34 +9	+25 0	+39 0	+62 0	+160 0	+7 -18	-8 -33	-17 -42	-34 -59	-61 -86
50	65	+330 +140	+174 +100	+76 +30	+40 +10	+30 0	+46 0	+74 0	+190 0	+9 -21	-9 -39	-21 -51	-42 -72	-76 -106
65	80	+340 +150	+174 +100	+76 +30	+40 +10	+30 0	+46 0	+74 0	+190 0	+9 -21	-9 -39	-21 -51	-48 -78	-91 -121
80	100	+390 +170	+207 +120	+90 +36	+47 +12	+35 0	+54 0	+87 0	+220 0	+10 -25	-10 -45	-24 -59	-58 -93	-111 -146
100	120	+400 +180	+207 +120	+90 +36	+47 +12	+35 0	+54 0	+87 0	+220 0	+10 -25	-10 -45	-24 -59	-66 -101	-131 -166
120	140	+450 +200	+245 +145	+106 +43	+54 +14	+40 0	+63 0	+100 0	+250 0	+12 -28	-12 -52	-28 -68	-77 -117	-155 -195
140	160	+460 +210	+245 +145	+106 +43	+54 +14	+40 0	+63 0	+100 0	+250 0	+12 -28	-12 -52	-28 -68	-85 -125	-175 -215
160	180	+480 +230	+245 +145	+106 +43	+54 +14	+40 0	+63 0	+100 0	+250 0	+12 -28	-12 -52	-28 -68	-93 -133	-195 -235

公称尺寸/mm		公差带												
		C	D	F	G		H			K	N	P	S	U
大于	至	11	9	8	7	7	8	9	11	7	7	7	7	7
180	200	+530 +240											−105 −151	−219 −265
200	225	+550 +260	+285 +170	+122 +50	+61 +15	+46 0	+72 0	+115 0	+290 0	+13 −33	−14 −60	−33 −79	−113 −159	−241 −287
225	250	+570 +280											−123 −169	−267 −313
250	280	+620 +300	+320 +190	+137 +56	+69 +17	+52 0	+81 0	+130 0	+320 0	+16 −36	−14 −66	−36 −88	−138 −190	−295 −347
280	315	+650 +330											−150 −202	−330 −382
315	355	+720 +360	+350 +210	+151 +62	+75 +18	+57 0	+89 0	+140 0	+360 0	+17 −40	−16 −73	−41 −98	−169 −226	−369 −426
355	400	+760 +400											−187 −244	−414 −471
400	450	+840 +440	+385 +230	+165 +68	+83 +20	+63 0	+97 0	+155 0	+400 0	+18 −45	−17 −80	−45 −108	−209 −279	−467 −530
450	500	+880											−229 −292	−517 −580

附录二十三　深沟球轴承(摘录 GB/T 276—1994)

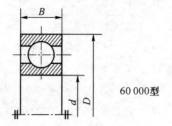

60 000型

标记示例：
滚动轴承 6208 GB/T 276—1994

轴承型号	尺寸/mm			轴承型号	尺寸/mm		
	d	D	B		d	D	B
(1)0 系列				(0)3 系列			
606	6	17	6	634	4	16	5
607	7	19	6	635	5	19	6
608	8	22	7	6300	10	35	11
609	9	24	7	6301	12	37	12
6000	10	26	8	6302	15	42	13
6001	12	28	8	6303	17	47	14
6002	15	32	9	6304	20	52	15
6003	17	35	10	6305	25	62	17
6004	20	42	12	6306	30	72	19
6005	25	47	12	6307	35	80	21
6006	30	55	13	6308	40	90	23
6007	35	62	14	6309	45	100	25
6008	40	68	15	6310	50	110	27
6009	45	75	16	6311	55	120	29
6010	50	80	16	6312	60	130	31
6011	55	90	18				
6012	60	95	18				

续 表

轴承型号	尺寸/mm			轴承型号	尺寸/mm		
	d	D	B		d	D	B
(0)2 系列				(0)4 系列			
623	3	10	4	6403	17	62	17
624	4	13	5	6404	20	72	19
625	5	16	5	6405	25	80	21
626	6	19	6	6406	30	90	23
627	7	22	7	6407	35	100	25
628	8	24	8	6408	40	110	27
629	9	26	8	6409	45	120	29
6200	10	30	9	6410	50	130	31
6201	12	32	10	6411	55	140	33
6202	15	35	11	6412	60	150	35
6203	17	40	12	6413	65	160	37
6204	20	47	14	6414	70	180	42
6205	25	52	15	6415	75	190	45
6206	30	62	16	6416	80	200	48
6207	35	72	17	6417	85	210	52
6208	40	80	18	6418	90	225	54
6209	45	85	19	6419	95	240	55
6210	50	90	20				
6211	55	100	21				
6212	60	110	22				

附录二十四 圆锥滚子轴承(摘录 GB/T 297—1994)

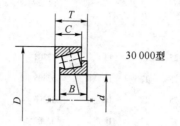

30 000型

标记示例：

滚动轴承 30308 GB/T 297—1994

轴承型号	尺寸/mm					轴承型号	尺寸/mm				
	d	D	T	B	C		d	D	T	B	C
02 系列						22 系列					
30204	20	47	15.25	14	12	32206	30	62	21.5	20	17
30205	25	52	16.25	15	13	32207	35	72	24.25	23	19
30206	30	62	17.25	16	14	32208	40	80	24.75	23	19
30207	35	72	18.25	17	15	32209	45	85	24.75	23	19
30208	40	80	19.75	18	16	32210	50	90	24.75	23	19
30209	45	85	20.75	19	16	32211	55	100	26.75	25	21
30210	50	90	21.75	20	17	32212	60	110	29.75	28	24
320211	55	100	22.75	21	18	32213	65	120	32.25	31	27
30212	60	110	23.75	22	19	32214	70	125	33.25	31	27
30213	65	120	24.75	23	20	32215	75	130	33.25	31	27
30214	70	125	26.25	24	21	32216	80	140	35.25	33	28
30215	75	130	27.25	25	22	32217	85	150	38.5	36	30
30216	80	140	28.25	26	22	32218	90	160	42.5	40	34
30217	85	150	30.5	28	24	32219	95	170	45.5	43	37
30218	90	160	32.5	30	26	32220	100	180	49	46	39
30219	95	170	34.5	32	27						
30220	100	180	37	34	29						

续 表

轴承型号	尺寸/mm					轴承型号	尺寸/mm				
	d	D	T	B	C		d	D	T	B	C
03 系列						23 系列					
30304	20	52	16.25	15	13	32304	20	52	22.25	21	18
30305	25	62	18.25	17	15	32305	25	62	25.25	24	20
30306	30	72	20.75	19	16	32306	30	72	28.75	27	23
30307	35	80	22.75	21	18	32307	35	80	32.75	31	25
30308	40	90	25.25	23	20	32308	40	90	35.25	33	27
30309	45	100	27.75	25	22	32309	45	100	38.25	36	30
30310	50	110	29.25	27	23	32310	50	110	42.25	40	33
30311	55	120	31.5	29	25	32311	55	120	45.5	43	35
30312	60	130	33.5	31	26	32312	60	130	48.5	46	37
30313	65	140	36	33	28	32313	65	140	51	48	39
30314	70	150	38	35	30	32314	70	150	54	51	42
30315	75	160	40	37	31	32315	75	160	58	55	45
30316	80	170	42.5	39	33	32316	80	170	61.5	58	48
30317	85	180	44.5	41	34	32317	85	180	63.5	60	49
30318	90	190	46.5	43	36	32318	90	190	67.5	64	53
30319	95	200	49.5	45	38	32319	95	200	71.5	67	55
30320	100	215	51.5	47	39	32320	100	215	77.5	73	60

附录二十五　常用铸铁的种类、牌号、性能及用途

名称	编号方法		主要性能	用途举例
	举例	说明		
灰铸铁	HT100, HT150, HT200, HT250, HT300	HT 是"灰铁"两字汉语拼音首字母,数字表示最低抗拉强度值	抗拉强度、塑性、韧性较低,但抗压强度、硬度、耐磨性好,并具有铸铁的其他优良性能	主要用于制造承受压力的床身、箱体、机座、导轨等零件
球墨铸铁	QT500—7 QT800—2	QT 是"球铁"两字汉语拼音首字母,两组数字分别表示最低抗拉强度数值和最小延伸率数值	球墨铸铁通过热处理强化后力学性能有较大提高,远超过灰铸铁,某些指标接近钢,且能保持灰铸铁的优良性能	应用范围很广,可代替中碳钢制造汽车、拖拉机中的曲轴、连杆、齿轮等
可锻铸铁	KTH300—06 KTH350—10	KT 是"可铁"两字汉语拼音首字母,H 为"黑心"汉语拼音首字母,两组数字分别表示最低抗拉强度数值和最小延伸率数值	力学性能优于灰铸铁	主要用于制造一些开关比较复杂而且在工作中承受一定冲击载荷的薄壁小型零件,如管接头、农具等
蠕墨铸铁	RuT + 数字	RuT 是"蠕"字拼音和"铁"字拼音首字母,数字表示最低抗拉强度值	蠕墨铸铁强度、韧性、疲劳强度等均比灰铸铁高,但比球墨铸铁低	主要用于制造大功率柴油机缸套、气缸盖、机床机身、阀体、电动机外壳、机座等

附录二十六 碳素结构钢、常用优质碳素结构钢的牌号及用途

表一 碳素结构钢的牌号及用途

牌号	等级	Qb/MPa	用　途
Q195	—	315～390	用于制造承载较小的零件、铁丝、铁圈、垫铁、开口销、拉杆、冲压件以及焊接件等
Q215	A B	335～410	用于制造拉杆、套圈、垫圈、渗圈、渗碳零件以及焊接件等
Q235	A B C D	375～460	A、B级用于制造金属结构件、心部强度要求不高的渗碳件或碳氮共渗件、拉杆、连杆、吊钩、车钩、螺栓、螺母、套筒、轴以及连接件；C、D级用于制造重要的焊接结构件
Q255	A B	410～510	用于制造转轴、心轴、吊钩、拉杆、摇杆、楔等强度要求不高的零件。此钢焊接性尚可
Q275	—	490～610	用于制造轴类、链轮、齿轮、吊钩等强度要求高的零件

注：牌号中的 Q 代表屈服点，后面数字代表屈服点数值

表二 常用优质碳素结构钢的牌号及用途

钢组	牌号	热处理类	硬度 HBS(≤)	用途
普通锰含量钢	15	正火	148	塑性、韧性、焊接性能和冷压性能均极好，但强度较低，用于制造受力不大且韧性要求较高的零件、紧固件、冲压件以及不要求热处理的低负荷零件，例如螺栓、螺钉、拉条、法兰盘等
		正火 回火	99～143	
普通锰含量钢	20	正火	156	用于制造不承受很大应力而要求很高韧性的机械零件，例如杠杆、轴套、螺钉、起重钩等；还可用于制造表面硬度高而心部有一定强度和韧性的渗碳零件
		正火 回火	103～156	
普通锰含量钢	45	正火	197～241	用于制造强度要求较高、韧性中等的零件，通常在调质、正火状态下使用，淬火硬度一般在 40～50HRC，例如齿轮、齿条、链轮、轴、键、销、压缩机及泵的零件和轴辊等。可代替渗碳钢制造齿轮、轴、活塞销等，但需高频淬火或火焰表面淬火
		正火 回火	156～217	
			217～255	
普通锰含量钢	60		229～255	具有相当高的强度和弹性，但淬火时有产生裂纹倾向，仅小型零件才能施行淬火，大型零件多采用正火。用于制造轴、弹簧、垫圈、离合器、凸轮等。冷变形时塑性较低
较高锰含量钢	20Mn	正火	197	此钢为高锰低碳渗碳钢。可用于制造凸轮轴、齿轮、联轴器、铰链、拖杆等。此钢焊接性能尚可
	60Mn	正火	229～269	此钢的强度较高，淬透性较碳素弹簧钢好，脱碳倾向性小，但有过热敏感性，容易产生淬火裂纹，并有回火脆性，适于制造螺旋弹簧、板簧、各种扁圆弹簧、弹簧环、弹簧片以及冷拔钢丝和发条等

参 考 文 献

［1］ 钱可强. 机械制图［M］. 北京:高等教育出版社,2010.

［2］ 高晓康,陈宇萍.互换性与测量技术［M］. 北京:高等教育出版社,2009.

［3］ 钟丽萍.机械基础实验、实训指导书［M］. 北京:北京大学出版社,2006.

［4］ 李月琴,等.机械零部件制图测绘［M］. 北京:中国电力出版社,2007.

［5］ 陈立德.机械设计基础［M］. 北京:高等教育出版社,2007.

［6］ 国家技术监督局.中华人民共和国国家标准 技术制图与机械制图［M］. 北京:中国标准出版社,1996.